# 조합 및 그래프이론

표성수 · 강정욱 지음

KYOWOO

# 서 론

이산수학에는 여러 분야가 있다. 그렇지만 이산수학 강좌를 개설하여 여러 분야를 다루기는 쉽지 않다. 공학계열에서는 이 분야에서 정수론, 부울대수, 오토마타 이론 등을 포함하기도 한다. 물론 수학 관련학과에서도 많은 분야를 포함할 수도 있다.

이 책뿐만 아니라, 대학교재를 편찬하는 많은 수학자들이 여러 가지 내용을 담고 싶어 하지만 강의시간은 제한적이다. 이산수학분야를 학기당 3학점으로 두 학기를 배당하여 90시간을 할당하기도 하지만, 한 학기에 3학점, 45시간을 할당한 대학이 많다. 특히 수학교육과의 경우, 학과의 특성상 90시간을 배당하기가 쉽지 않다.

이 교재는 45시간에 맞추어, 사범대생을 위하여 대학교재로 편집하였다. 내용으로는 헤아림과 그래프 이론에 초점을 맞추어 필수적인 내용들을 포함하고자 노력하였다. 그렇지만 한 학기용으로 내용을 조절하다 보니 다루지 못한 내용이 많아 아쉽다. 보다 엄밀한 증명과 풍부한 내용은 황석근, 이재돈, 김익표의 'ENV 이산수학, 교우미디어출판'을 참조하기를 권장한다. 이 책의 편집에도 많이 참조한 책이다.

전체 11장으로 구성하였다. 그 중 그래프 이론 분야는 두 장으로 구성하였는데, 2주 6시간에 다루기가 어려울 만큼 내용이 많다. 헤아림과 그래프의 내용을 중심으로 다루었고, 내용에 초점을 맞추어 충분한 연습문제를 실었다.

백양산 자락에서

저자 일동

# 기 호

- $|A|$ : 집합 $A$의 원소의 개수를 나타낸다.
- $\binom{n}{k} = {}_nC_k$ : 이항계수
- $\left\{ n \atop k \right\} = S(n,k)$ : 제 2종 스털링수(Stirling number of the second kind)
- $s(n,k)$ : 제 1종 스털링수(Stirling number of the first kind)
- $\left[ n \atop k \right]$ : 무부호제1종스털링수(unsigned Stirling number of the first kind)
- $B_n$ : 벨 수(Bell number)
- $\mathbf{a} = (a_0, a_1, a_2, \cdots)$ : 수열의 무한벡터 표현
- $\Delta\mathbf{a}$ : 수열 $\mathbf{a}$의 계차수열
- $\Delta^k\mathbf{a}$ : 수열 $\Delta^{k-1}\mathbf{a}$의 계차수열
- $n$-집합 ($n$-set) : 원소의 개수가 $n$개인 집합
- 격자점 : 좌표평면에서 좌표가 정수인 점
- $n \times m$ 체스판(chess board) : 행의 개수가 $n$개이고 열의 개수가 $m$개인 격자 무늬
- 체스판에 루크 놓기 : 체스판에 루크(rook)를 놓을 때, 칸 안에 놓고, 루크는 직선으로 움직인다.

# 차 례

## 10. 그래프(Graph) ·· 111



## 11. 그래프채색과 수형도 ·· 131



## 참고문헌 145

# 1. 비둘기 집의 원리

## 1-1. 비둘기집의 원리(pigeon hole principle)

어떤 사건이 존재하는가? 비둘기집의 원리는 이 대답에 효과적으로 이용될 수 있다. 많은 상황에서 몇 개가 존재할지는 모르지만 존재할지 안할지 판단할 수 있는 근거를 마련해 준다. 예를 들어, 네 마리 이상의 비둘기가 세 개의 비둘기 집에 모두 들어간다면, 적어도 하나의 비둘기 집에는 두 마리 이상의 비둘기가 들어 있다. 이것이 비둘기집의 원리이다. 독일의 수학자 디리클레(Dirichlet, Peter. 1805-1859)가 수학 문제의 해결에 사용한 원리로 비둘기 집의 원리(Pigeonhole Principle) 또는 디리클레의 서랍원리(Dirichlet's Box Principle) 등으로 불린다. 이 원리의 일반적 개념은 '$n$개의 비둘기 집에 $(n+1)$마리 이상의 비둘기가 들어간다면, 두 마리 이상의 비둘기가 들어간 비둘기 집이 적어도 하나 있다.'는 논리다.

이 원리는 지극히 당연하고 사소하게 보이지만, 배열이나 패턴의 존재성 문제를 해결할 수 있는 강력한 도구 중의 하나이다.

**정리 1-1**

$(n+1)$개의 같은 공을 $n$개의 바구니에 모두 넣는다면, 두 개 이상의 공이 들어간 바구니가 존재한다.

**증명** 만약 $n$개의 모든 바구니에 공이 한 개 이하라면, 바구니에 들어 있는 모든 공은 $n$개 이하이고 이것은 처음 가정에 모순이다. ■

**예제1-1**

오른쪽 그림과 같이 한 변의 길이가 2인 정사각형 내에서 임의로 5개의 점을 취하였을 때, 적어도 두 점 사이의 거리가 $\sqrt{2}$보다 크지 않은 점들이 존재함을 설명하라.

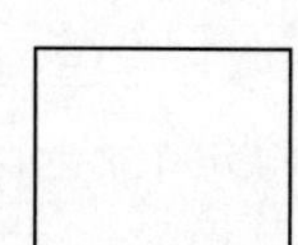


**풀이** 위의 정사각형을 아래와 같이 한 변의 길이가 1인 정사각형으로 4등분하자.

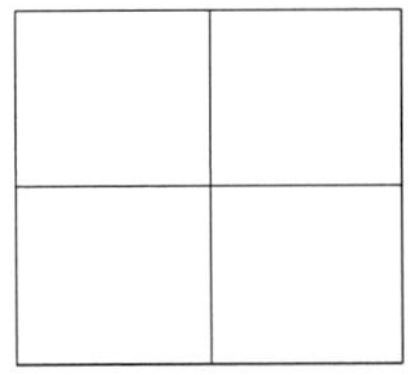

[그림 1-2]

이중에서 4개의 정사각형에서 5개의 점을 취하면 2개 이상 점을 취하게 되는 한 개의 정사각형이 반드시 존재한다. 한 개의 정사각형에서 선택되어진 두 개의 점의 거리는 $\sqrt{2}$ 이하이다. ■

## 예제1-2

0부터 10까지 적혀 있는 11장의 카드에서 임의로 7장을 뽑으면, 합이 10이 되는 두 수가 존재함을 증명하여라.

**풀이** 10장의 카드로서 더하기 하여 10이 되지 않는 6장의 카드를 만드는 방법은 다음은 각 그룹에서 한 장씩 뽑아오는 것이다.

0 10 , 1 9 , 2 8 , 3 7 , 4 6 , 5

7장의 카드를 뽑아야 하므로, 위의 한 묶음에서는 두 장의 카드가 뽑혀야 한다. ■

## 예제1-3

전체 200페이지인 책에는 들어있는 글자 수가 200의 배수가 되는 연속된 페이지가 존재한다.

**풀이** 1 페이지에 들어있는 글자 수를 200으로 나눈 나머지를 $a_1$, 1~2 페이지 들어 있는 글자 수를 200으로 나눈 나머지를 $a_2$, 1~3 페이지 들어 있는 글자 수를 200으로 나눈 나머지를 $a_3$ 이와 같이 하여 1~ 200페이지 까지 들어 있는 글자 수를 200으로 나눈 나머지를 $a_{200}$으로 하자. 만약 $a_i = 0$이 있다면 1페이지에서 $i$페이지까지 글자 수가 200의 배수이므로 정리가 끝이 난다. 그러므로 $1 \le a_i \le 199$를 만족한다. 그러므로 $a_i = a_j$되는 두 $i, j$가 존재한다. 따라서 $i+1$에서 $j$페이지 까지 글자 수는 200의 배수이다. ■

## 예제1-4

유비는 10일 동안 매일 한 게임 이상 총 12번의 게임을 했다. 유비는 7게임을 한 연속한 날들이 있다.

**풀이** 첫째 날 게임 수를 $b_1$, 첫째 날부터 둘째 날까지 게임 수를 $b_2$, 이와 같이 10일 동안 게임 수를 $a_{10}$이라 하자. 매일 한 게임 이상 경기하였으므로

$$1 \le a_1 < a_2 < \cdots < a_{10} = 12$$

를 만족한다. 따라서

$$8 \le a_1 + 7 < a_2 + 7 < \cdots < a_{10} + 7 = 19$$

이다. 그러므로

$$1 \le a_1 \le \cdots \le a_{10} + 7 = 19$$

를 만족하는데, 1부터 19사이에 $a_1$부터 $a_{10} + 7$까지 모두 20개의 수가 들어 있다. 따라서 두 개의 수는 같을 수밖에 없고, $i \ne j$ 이면 $a_i \ne a_j$ 이고, $a_i + 7 \ne a_j + 7$이기 때문에, $a_i = a_j + 7$을 만족하는 $i, j$가 존재한다. 따라서 $j+1$부터 $i$날 까지 경기한 게임의 수는 7이다. ■

**정 리 1-2**

양의정수 $n, m, r$에 대하여 $n > mr$이라 가정하자. $n$개의 같은 공을$m$개의 바구니에 모두 넣으면 적어도 $r+1$개의 공이 들어 있는 바구니가 존재한다.

**증명** 정리 1-1의 증명과 같은 방법이므로 생략한다. ■

### 예제1-5

원탁에 10명의 손님과 각 자리에는 손님의 명찰이 놓여 있다. 10명의 손님이 명찰을 확인하지 않고 아무렇게나 앉았는데, 제 자리에 앉은 손님이 한사람도 없었다. 이때, 명찰이 놓인 탁자를 적당히 회전시키면 적어도 2명의 손님이 제자리에 앉게 된다.

**풀이** 손님들을 가만히 두고, 탁자를 한 칸씩 돌려보자. 처음 모두 자기 자리가 아니었으므로 9번만 돌리면 10명의 손님 모두 자기이름이 한 번씩 놓이게 된다. 이름표가 자기 앞에 놓인 경우의 수를 보면, 탁자를 9칸 돌릴 동안 10명의 손님이 한 번씩 자기이름 앞에 놓였으므로 한번은 2명이상 자기 명찰을 앞에 두게 된다.

### 예제1-6

남학생 100명이 밖의 원에 여학생 100명이 안쪽의 원에 서 있다. 남학생들에게는 흰 모자 또는 빨간 모자를 임의로 쓰게 하고, 여학생 50명에게는 빨간 장갑

을 50명에게는 흰 장갑을 끼게 하였다. 안쪽의 여학생들이 가만히 있고, 남학생들이 한 칸씩 돌아가면서 여학생과 인사한다. 남학생이 한 칸씩 돌다보면 적어도 50쌍의 남녀가 모자의 색깔과 장갑의 색깔이 일치할 수 있는 경우가 존재한다.

**풀이** [그림1-3]과 같이 동심원을 그려서 밖의 원에는 남학생들이 안쪽의 원에는 여학생들이 선다고 하자. 안쪽의 원을 가만히 두고 밖의 원을 한 칸씩 한 바퀴 모두 돌아가면 남학생들은 자기의 모자와 같은 색의 장갑을 낀 여학생을 50번 마주 하였다. 따라서 전체학생이 같은 색이 된 경우는 모두 5000번 이었으며, 100칸을 돌았으므로 평균 50번이다. 그러므로 50번 이상 일치했던 적이 반드시 존재한다.

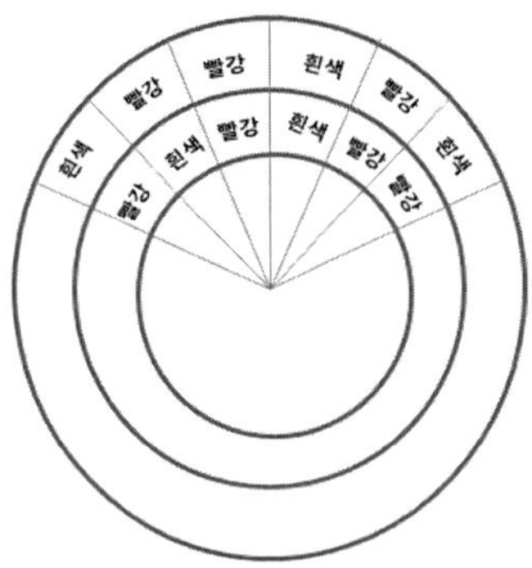


[그림 1-3]

## 1-2. 램지정리(Ramsey theorem)

**정 리 1-3 (비둘기집의 원리)**

$n_1+n_2+\cdots+n_k-k+1$개의 같은 공을 $k$개의 바구니에 모두 넣으면, 첫 번째 바구니에 $n_1$개 이상 들어있거나, 두 번째 바구니에 $n_2$ 개 이상 들어 있거나, … , $k$번째 집에 $n_k$ 개 이상 공이 들어 있다.

**증명** 앞과 같은 방법으로 하면 되므로 여기서는 증명을 생략한다. ■

### 예제1-6

10개의 공을 3개의 바구니에 모두 담으면, 첫 번째 바구니에 3개 이상의 공이 있거나, 두 번째 바구니에 4개 이상의 공이 있거나 세 번째 바구니에 5개 이상의 공이 들어 있다. ■

### 예제1-7

6명의 사람이 만나면 서로 모르는 3명이 존재하거나, 서로 아는 세 명이 존재한다는 것을 보이자. 단, 두 사람은 서로 알거나 서로 모르는 관계뿐이라고 한다.

**풀이** 6명의 사람을 A, B, C, D, E, F라 하자. A는 나머지 다섯 명과 서로 알거나 모르는 관계이다. 그러므로 아는 3명이 존재하거나 모르는 세 명이 존재한다. 일반성을 잃지 않고 A와 아는 세 명이 존재한다고 하자. B, C, D로 하여도 상관이 없다. 만약 이들 세 명들 간에 서로 아는 관계가 존재한다면, A와 합쳐서 서로 아는 세 명이 존재한다. 그렇지 않다면 B, C, D는 서로 서로 모르는 세 명이 된다. 따라서 위의 사실이 성립한다. ■

만약 다섯 명이면 다음과 같은 관계가 있을 수 있다.

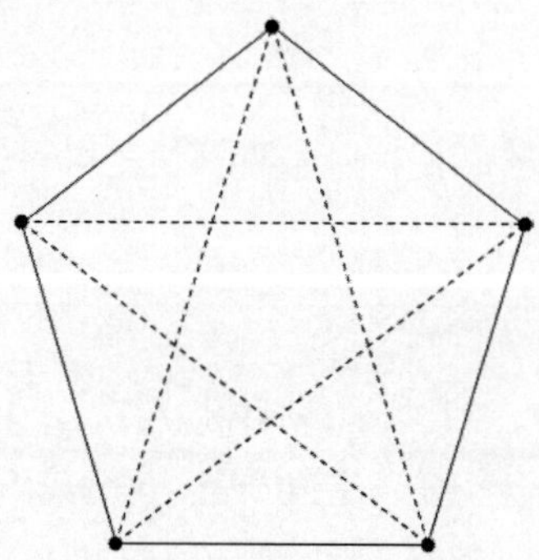

위의 그림에서 밖의 실선이 나타낸 것은 서로 서로 아는 관계이고, 내부의 점선은 서로 서로 모르는 관계이다. 이와 같은 관계에서는 서로 서로 아는 세 사람도 없고, 서로서로 모르는 세 사람도 없다.

따라서 예제 1-7의 결과와 같이 생각해보면, 서로 서로 아는 세 사람이 존재하거나 서로 서로 모르는 세 사람이 존재하기 위해서는 반드시 6명의 사람이 있어야 한다.

6명 중 서로 안다는 것(O)과 서로 서로 모른 다는 것(X)은 6-집합의 2-부분집합을 분류할 때, O와 X로 분할하는 것과 같다.

예를 들어, 5집합 $\{A, B, C, D, E\}$의 모든 2집합은 (편의상 $\{A, B\}$ 대신에 $AB$

로 나타낸다) $\{AB, AC, AD, AE, BC, BD, BE, CD, CE, DE\}$이다. 이들을 O, X로 분류하는 것은

$O=\{AB, AC, AD\}$ , $X=\{AE, BC, BD, BE, CD, CE, DE\}$ **또는**

$O=\{AB, AD, BC, BE, CE\}$, $X=\{AC, AE, BD, CD, DE\}$,

와 같이 분할한다는 뜻이다. 이런 분할은 실제로 수 개가 존재한다.

서로 서로 아는 세 명이 존재하거나, 서로 서로 모르는 세 명이 존재한다는 것은 원래의 집합 $\{A, B, C, D, E\}$의 3부분집합 $\{B, C, D\}$가 존재하여 $\{B, C, D\}$의 모든 2-부분집합 $\{BC, BD, CD\}$가 분할 중 O에 모두 들어 있거나 X에 모두 들어 있다는 말이다.

분할은 O, X로 이루어진 2분할뿐만 아닌 3-분할, 4 분할도 생각할 수 있다.

램지는 이러한 것을 일반화 하여 다음과 같은 정리를 이끌어 내었다.

**정 리 1-4 (Ramsey)**

임의의 자연수 $n_1, n_2, \cdots, n_k$ 와 $t$ 에 대하여, 자연수 $N=R(t;n_1,n_2,\cdots,n_k)$가 존재하여, $N$–집합의 모든 $t$부분집합을 $k$–분할하면, $N$–집합의 $n_1$–부분집합 존재하여, 이 집합의 모든 $t$부분집합 이 첫 번째 분할에 들어 있거나, $N$–집합의 $n_2$–부분집합 존재하여, 이 집합의 모든 $t$부분집합 이 두 번째 분할에 들어 있거나, $\cdots$ , $N$–집합의 $n_k$–부분집합 존재하여, 이 집합의 모든 $t$부분집합 이 $k$번째 분할에 들어 있다.

증명 증명은 생략한다. ■

위의 램지정리에서 만약 $t=1$이면 위의 정리 1-3의 비둘기집의 원리가 된다. 따라서 일반적으로 $t \geq 2$인 경우에 대해서 언급을 하며, $R(2;n_1,n_2,\cdots,n_k)$는 2를 생략하여 $R(n_1,n_2,\cdots,n_k)$로 나타내기도 한다. 위의 예제 1-7과 부연설명은 $R(3,3)=6$임을 보여준다.

# 연습문제

1 해마다 일요일이 다섯 번 있는 달이 네 달이상임을 증명 하여라,

2 어느 축구 대회에 $n$개의 팀이 참가하여, 다른 팀과는 한 번의 경기를 한다. 어느 시점에서든 같은 수의 경기를 한 두 팀이 있음을 증명하여라.

3 다음과 같이 9가 1개부터 2019개까지 나열되어 있다.

$$9, 99, 999, \cdots, 9999\cdots 99$$

이들 중에 2019의 배수가 있음을 보여라.

4 차례대로 1부터 200 까지 수 중, 101개의 수를 선택하면 약수와 배수의 관계가 있는 두 수가 존재함을 증명하여라.

5 어느 축구팀이 이번 시즌에 총 40개의 골을 넣었는데 9명이 한골 이상씩 넣었다. 이 중 두 명이 같은 수의 골을 넣었음을 증명하여라.

6 다섯 개의 양의 정수의 합이 100이다. 차가 9 이하인 두 수가 존재함을 증명하여라.

7 $44^n - 1$이 7로 나누어지는 $n$이 존재함을 증명하여라.

8 어느 축구팀이 올해에 30경기를 하고 매 경기에 적어도 한골을 넣어서 총 53골을 넣었다. 이 팀이 연이어 6골을 넣은 날이 있음을 증명하여라.

9 502개의 양의 정수 중 합이나 차가 1000으로 나누어지는 두 수가 있음을 증명하여라.

10 평면상의 모든 격자점을 여섯 가지 색으로 칠한다. 꼭짓점이 동일한 색인 사각형이 존재함을 증명하여라.

11 29보다 작은 양의 정수 11개를 임의로 고를 때, 최대공약수가 1보다 큰 두 수가 있음을 증명하여라.

12 다음을 증명하여라.

(1) 13개의 정수 중에는 차가 12의 배수가 디는 두 수가 존재한다.

(2) 5개의 정수 중에는 합이 3의 배수가 되는 세 수가 존재한다.

13 몇 개의 정수가 존재한다면, 이들 중 5의 배수가 되는 세수가 반드시 존재하겠는가?

14 $n^2+1$개의 서로 다른 수로 이루어진 중에는 $n+1$개의 증가하는 수열이 있거나 감소하는 수열이 있음을 증명하여라.

15 $R(3,3,3) \leq 16$ 임을 보여라.

# 2. 순열과 조합

## 2-1. 계승(factorial)과 순열(順列, permutation)

순열(順列, permutation)이란 순서를 고려한 줄 세우기를 말한다. 예를 들어, 두 명을 한 줄로 세우는 방법은 두 가지, 즉 2-집합으로 만들 수 있는 순열의 수는 2이며, 세 명을 한 줄로 세우는 방법은 여섯 가지, 3-집합으로 만들 수 있는 순열의 수는 6이다. $n$명의 사람들, 즉, 서로 다른 $n$개를 줄 세우는 방법 수는 $n! = 1 \cdot 2 \cdot 3 \cdot \cdots \cdot n$가지, 즉, $n$-집합의 순열(permutation of n set)수는 $n!$가지가 있다. $n!$을 '$n$ 계승($n$ factorial)'이라 한다.

계승$n!$은 매우 빨리 증가한다. 예를 들어$10! = 3,628,800$이다. 10명의 사람이 하루에 한번 만나서 저녁식사를 한 식당에 앉아서 하고, 매번 자리를 바꾸어 앉을 수 있는 방법 수만큼 식사를 한다면 $10! = 3,628,800$일을 만나야 한다. 이것은 9900년을 만나야 하므로 불가능하다. 또 다른 예로써, 우리나라에서 특정한 50개의 시를 방문한다고 하자. 모두 한 번씩 방문하고 돌아오는 최단거리 방법은 무엇일까? 한 지점에서 일렬로 배열하자. 어떤 컴퓨터는 1초에 1,000,000,000개의 방법을 탐색하고, 그중 최단거리를 결정할 수 있다고 가정하자. 이 컴퓨터로 모든 경로를 탐색하는데 걸리는 시간은

$$\frac{50!}{10^9 \times 60 \times 60 \times 24 \times 365} \approx 9.6442 \times 10^{47} \text{ (년)}$$

이 걸린다. (이것을 세일즈맨의 문제(Travelling salesman problem)라 한다.)

계승 $n!$은 계산이 편한 듯이 보이지만 다루기는 용이하지 않다. 이를 $n$에 관하여 지수나 상수의 곱으로 표현하여 보자. 적분을 사용하면 $n!$의 근삿값을 구할 수 있다.

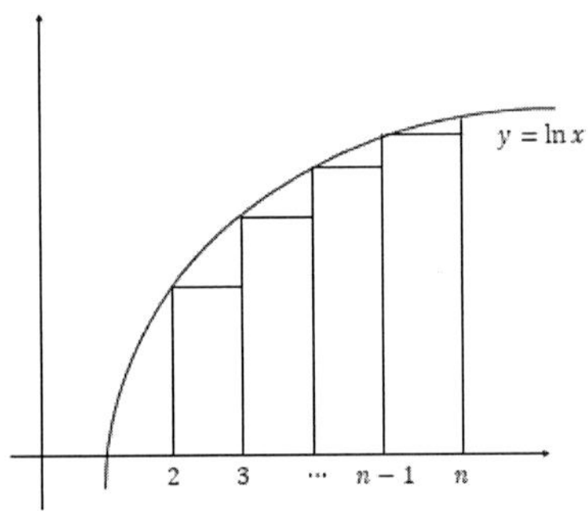


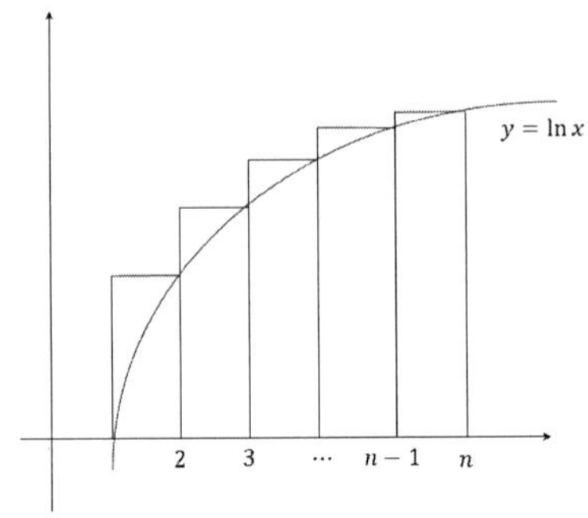


위의 그림으로부터

$$\sum_{k=2}^{n} \ln(k) \le \int_{1}^{n} \ln(x)\, dx \le \sum_{k=1}^{n} \ln(k)$$

임을 알 수 있다. 따라서

$$\ln(n-1)! \le \int_{1}^{n} \ln x\, dx \le \ln n!$$

이고, $\int \ln x dx = x \ln x - x$이므로 위의 식에서 정적분을 하면

$$\ln(n-1)! \le n \ln n - n + 1 \le \ln n!$$

이다. $n \ln n - n + 1 = \ln e\left(\frac{n}{e}\right)^{n}$ 이므로, 위식의 왼쪽 부등식으로부터

$$n! \le en\left(\frac{n}{e}\right)^{n}$$

을 얻고, 오른쪽 부등식으로부터

$$e\left(\frac{n}{e}\right)^{n} len!$$

을 얻는다. 그러므로 다음 부등식을 얻을 수 있다.

$$e\left(\frac{n}{e}\right)^n \le n! \le en\left(\frac{n}{e}\right)^n$$

실제로 다음이 잘 알려져 있다.

**정 리 2-1** (Stirling's formula)

자연수 $n$에 대하여 다음이 성립한다.

$$n! \approx \sqrt{2\pi n}\left(\frac{n}{e}\right)^n.$$

## 2-2. 같은 것이 들어 있는 순열

특정한 사람들이 일렬로 서 있다고 생각한다면, 줄 세우는 방법도 분배의 문제와 같이 생각할 수 있다. 예를 들어, 네 종류의 과일 사과, 배, 귤, 감을 A, B, C, D 네 사람에게 나누어 주는 방법 수는 이들 네 과일을 줄 세우는 방법 수와 같다. 그러므로 분배의 문제를 쉽게 설명하기 위하여 여러 가지 줄 세우는 방법들을 알아보자.

**예제2-1**

바구니에 세 개의 사과와 배, 감, 귤, 포도가 하나씩 모두 일곱 개의 과일이 있다. 이 과일들을 일곱 명에게 각 한 개씩 나누어 주는 경우의 수는 얼마인가? 또 이 일곱 개의 과일을 일렬로 줄 세우는 방법수와 비교하여 보아라.

**풀이** 0,0,0,1,2,3,4를 일렬로 줄 세우는 방법수와 같다. 이것을 $0_a, 0_b, 0_c, 1, 2, 3, 4$로 바꾸어서 줄 세운다고 하면 7! 가지가 된다는 것을 알고 있다. 여기서 $0_a, 0_b, 0_c$가 모두 같다고 하면 같은 종류가 3! 가지씩 존재한다. 예를 들어 배열 $1, 0_a, 2, 4, 0_b, 0_c, 3$에 대하여 살펴보자.

$$1,0_a,2,4,0_b,0_c,3 \ , \quad 1,0_a,2,4,0_c,0_b,3 \ , \quad 1,0_b,2,4,0_a,0_c,3$$

$$1,0_b,2,4,0_c,0_a,3 \ , \quad 1,0_c,2,4,0_a,0_b,3 \ , \quad 1,0_c,2,4,0_b,0_a,3$$

만약, $0_a, 0_b, 0_c$가 모두 0으로 같다면, 위의 6개는 모두 같은 줄서기가 된다. 모든 줄서기가 6개씩 같이 나오므로, 총 7!에서 3! 로 나누어 주면 된다. ■

**예제2-2**

위의 방법과 7명의 후보 중 회장, 부회장, 총무, 서기를 뽑는 방법수와 비교하여 보아라. 또 임의의 7명중 4명을 뽑아서 순서대로 나열하는 방법과 비교하여 설명하여 보라.

**풀이** 0,0,0,1,2,3,4를 줄 세우는 방법 수와 0,0,0,1,2,3,4 가 적혀있는 카드를 7명에게 나누어 주는 방법 수는 같다. 이 때, 1번 대신에 회장, 2번 대신에 부회장, 3번 대신에 총무, 4번 대신에 서기로 정해도 방법 수는 변하지 않는다. ■

> **정의 2-2** $n$-집합에서 $k$개의 원소를 뽑아서 일렬로 배열하는 것을$n$-집합의 $k$순열($k$-permutation of $n$-set)이라고 한다.

$n$-집합의$k$순열의 개수를$_nP_k$ 로 표현한다. $_nP_k$는 다음과 같이 구할 수 있다.

$$_nP_k = \frac{n!}{(n-k)!}.$$

## 2-3. 같은 것이 들어 있는 순열 - 조합

**예제2-3**

다음과 같이 세 개의 1이 적힌 카드와 다섯 개의 0이 적힌 카드가 있다. 카드를 일렬로 나열하는 방법수를 모두 몇 가지인가?

1, 1, 1, 0, 0, 0, 0, 0

**풀이** 예제 1-1을 풀이한 방법과 같은 방법을 사용한다. 먼저, 모든 카드가 다르다고 가정하면 8! 가지의 방법이 있다. 여기서 1의 카드가 모두 같으므로 3! 가지씩 같은 줄서기가 있다. 따라서 1의 카드는 모두 같고 0의 카드가 모두 다르다면 줄 세우는 방법 수는 $8!/3!$이 된다. 그리고 모든 0의 카드가 같으므로 5!씩 같은 것이 들어 있다. 그러므로 $8!/3!$을 $5!$으로 나누어주면 된다. 따라서 모든 경우의 수는 $\frac{8!}{3!5!} = 56$ 가지가 있다. ■

### 예제2-4

아래의 격자판의 A 에서 B로 이동할 때, 가장 짧은 거리로 이동하는 경우의 수는 모두 몇 가지인가? 위의 보기와 비교하여 설명하여 보아라.

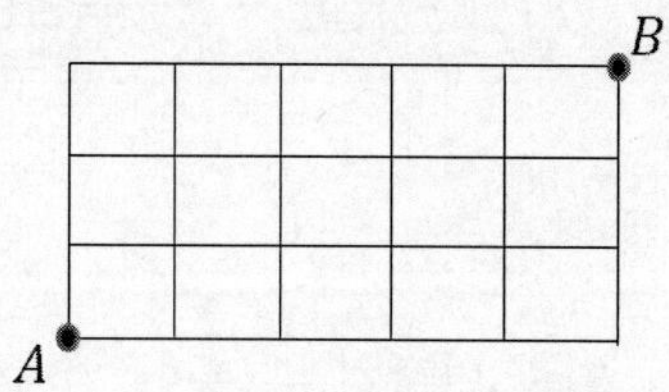


**풀이** A에서 B로 이동하는 최단 거리는 가로 5번 세로 3번을 가야한다. 그리고 A에서 출발하여 오른쪽을 ●로 나타내고, 위로 가는 것을 ▮로 나타내면, 위의 1-3의 배열방법과 같다. 따라서 경우의 수는 모두 $\frac{8!}{3!5!} = 56$이다. ■

### 예제2-5

8명 중에서 세 명을 선택하는 방법, 예를 들어 8명 중에서 당번 세 명을 뽑는 방법수를 위의 보기를 통하여 설명하여 보자.

**풀이** 0과 1이 적혀있는 카드를 8명에게 나누어 주는 방법수와 일렬로 세우는 방법 수는 같다. 1이 적혀있는 카드를 받은 사람이 뽑힌 경우이다. ■

> **정의 2-3** $n$집합에서 $k$개를 선택하는 것을$n$집합의 $k$- 조합($k$-combination of $n$-set) 이라 한다.

$n$집합의 $k$ 조합 의 개수를

$$\binom{n}{k}$$

로 표기한다. 때로는 combination의 첫 글자를 따서 ${}_nC_k$로 표기하기도 한다. 간혹 조합이 ${}_nC_k$라고 말하는 사람도 있는데 이것은 잘못된 말이다. '조합'이라는 말은 하나의 선택, 즉 한 부분집합을 말하는 것이다. 다시 말하면, $n$집합에서 $k$-부분집합의 개수가 $\binom{n}{k}$이다.

## 2-3. 같은 것이 들어 있는 순열 - 중복조합

### 예제2-6

부정방정식$x_1+x_2+x_3+x_4=5$을 만족하는 음이 아닌 정수 쌍의 개수와 예제 2-3에서 카드를 줄 세우는 방법 수와 비교하여 보자.

**풀이** 예제 2-3의 배열에서 1이 적혀있는 카드를 + 으로, 1 사이의 0 카드 의 개수를 $x_i$라 하자. 1이 적혀 있는 카드가 3개이므로

$x_1$ 1 $x_2$ 1 $x_3$ 1 $x_4$

로 나타낼 수 있다. 예를 들어, $x_1+x_2+x_3+x_4=5$의 한 정수 해 (2,0,1,2)에는

0 0 1 1 0 1 0 0

과 같은 배열이 대응되고, 배열

0 1 0 0 1 0 1 0

에는 (1,2,1,1)이 대응된다. ■

### 예제2-7

네 개의 원소로 이루어진 집합$\{x_1, x_2, x_3, x_4\}$에서 중복을 허용하여 5개를 뽑는

방법수와 예제 2-6에서 구한 부정방정식을 만족하는 정수쌍의 수와 비교하여 보자.

**풀이** 위에서 음이 아닌 정수쌍에 대응하는 만큼 뽑으면 된다. $x_1+x_2+x_3+x_4=5$를 만족하는 정수쌍이 (1, 2, 0, 2)라면, $x_1$은 1개, $x_2$는 2개, $x_3$는 0개, $x_4$는 2개를 선택한다는 뜻이다.

> **정의 2-4.** 서로 다른 $n$ 개 중에서 중복을 허용하여 $k$개를 선택하는 것을 $n$-집합의 $k$-중복조합(repeated $k$ combination of $n$ set)이라 한다.

일반적으로 $n$ 집합의 $k$ 중복조합의 개수를 ${}_n\mathrm{H}_k$로 표기한다. 앞의 고찰에서 알 수 있듯이 ${}_n\mathrm{H}_k$는

$$x_1+x_2+\cdots+x_n=k$$

의 음이 아닌 정수쌍의 개수와 같다. 이것은

$${}_n\mathrm{H}_k=\binom{n+k-1}{k}$$

이 성립한다.

※ **참고**. 중복조합의 개수를 나타내는 기호 $H$는 homogenous monomial(단항식의 개수)에서 비롯되었다. $(x+y)^3=x^3+3x^2y+3xy^2+y^3$이고, $x^3$, $x^2y$, $xy^2$, $y^3$과 같이 4개의 서로 다른 항이 나타난다. 즉, ${}_2\mathrm{H}_3=4$ 이다.

## 2-4. 같은 것이 들어 있는 순열 - 다항계수

**예제2-8**

다음은 다섯 장의 0 카드, 세 장의 1카드, 2장의 2카드 모드 10장의 카드들이 있다. 이 카드들을 일렬로 줄 세우는 방법 수는 몇 가지인가?

| 0 | 0 | 0 | 0 | 0 | 1 | 1 | 1 | 2 | 2 |
|---|---|---|---|---|---|---|---|---|---|

**풀이** 예제 2-3의 풀이방법과 비슷하다. 먼저 10개의 카드가 모두 다르다고 생각하면, 10! 가지 줄 세우는 방법이 있다. 그리고 세 개의 1 카드를 서로 바꾸어 줄 서는 것은 같은 줄서기를 나타내므로, 10개가 모두 다른 수의 줄서기에서 세 개의 1 카드가 같으므로 3!가지씩 같은 줄서기가 있다. 마찬가지로 생각하면 모두

$$\frac{10!}{3! \times 5! \times 2!} = 2,520$$

가지 서로 다른 줄세우기 방법이 존재한다. ■

## 예제2-9

바구니에 3개의 사과와 2개의 배, 4개의 귤 모두 9개의 과일이 있다. 이 과일들을 9명에게 각 1개씩 나누어 주는 경우의 수는 얼마인가? 또 이 9개의 과일을 일렬로 줄 세우는 방법수와 비교하여 보아라.

**풀이** 아홉 개의 과일을 아홉 명에게 나누어 준다는 것은 아홉 개를 줄 세우는 방법과 같다. 따라서 모두 $\frac{9!}{3! \times 2! \times 4!} = 1,260$ 가지 분배 방법이 존재한다. ■

일반화 하여 정리하면 다음과 같이 쓸 수 있다.

$A_1$ 이 $n_1$ 개, $A_2$ 가 $n_2$ 개, $\cdots$, $A_k$ 가 $n_k$ 개를 일렬로 나열하는 방법 수는

$$\frac{(n_1 + n_2 + \cdots + n_k)!}{n_1! n_2! \cdots n_k!}$$

이 되고, $n_1 + n_2 + \cdots + n_k = n$이라 하면 이것을 다음과 같이 표기한다.

$$\binom{n}{n_1, n_2, \cdots, n_k} = \frac{n!}{n_1! n_2! \cdots n_k!}$$

이다. $k = 2$일 경우 $\binom{n}{n_1}$ 또는 $\binom{n}{n_2}$와 같이 하나만 표기하는 것이 일반적이다.

# 연습문제

1 30명 중에서 반장, 부반장, 총무를 뽑는 방법 수를 구하여라.

2 20 명 중에서 당번 세 명을 정하는 방법 수를 구하여라.

3 $n$명의 사람을 원으로 배열하는 방법 수를 구하여라.

4 $n$ 개의 서로 다른 구슬을 염주모양으로 꽤는 방법 수를 구하여라.

5 12 명의 사람이 다음과 같은 모양의 사각 테이블에 앉는 방법 수를 구하여라. 사각테이블은 좌우와 상하가 구별된다.

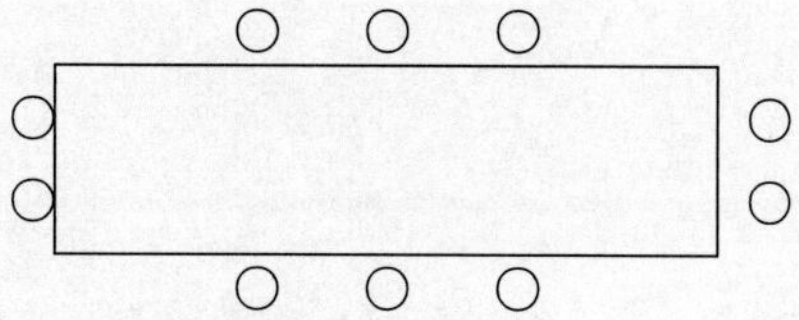

6 $1, 2, 3, \cdots, n$ 의 순열 중, 제일 첫 번째 오는 수가 짝수인 순열의 개수를 구하여라.

7 $1, 2, 3, \cdots, n$ 의 순열 중, 제일 첫 번째 오는 수가 짝수, 두 번째는 홀수인 순열의 개수를 구하여라.

8 $1, 2, 3, \cdots, n$ 의 순열 중 짝수끼리는 서로 인접하지 않는 순열의 개수를 구하여라.

9 $1, 2, 3, \cdots, 10$ 을 원형으로 배열할 때, 짝수끼리는 서로 인접하게 배열하는 방법 수를 구하여라.

10 모스부호는 2개의 기호로 5자리를 만들면서 여러 가지 문자를 나타낸다. 만약 10개의 기호를 가지고, 100개의 문자를 만들려고 한다. 최소 몇 자리까지 사용하여야 하는가?

11 순서대로 나란히 세워야 하는 10권의 책이 있다. 이것을 순서대로 4칸의 책꽂이에 꽂는 방법 수는 얼마인가? 단 모든 책꽂이의 칸에는 10권의 책을 모두 꽂을 수도 있다.

12 같은 종류의 사탕 다섯 개를 4명의 어린이에게 나누어 줄 때, 두 명의 어린이만 사탕을 받게 되는 경우의 수는?

# 3. 이항계수의 응용

## 3-1. 이항계수의 ㄱ-법칙 (파스칼의 법칙)

앞에서 살펴본 $\binom{n}{k}$는 대단히 흥미로운 성질을 많이 가지고 있다. 대표적으로 몇 개의 성질을 여기에서 소개하기로 한다.

**정 리 3-1 (ㄱ-법칙, 파스칼의 정리)**

임의의 $n,k$에 대하여 다음이 성립한다.

$$\binom{n}{k}=\binom{n-1}{k}+\binom{n-1}{k-1}.$$

증명 1 먼저 수식으로 증명하여 보자.

$$\begin{aligned}\binom{n-1}{k-1}+\binom{n-1}{k} &= \frac{(n-1)!}{(k-1)!(n-k)!}+\frac{(n-1)!}{k!(n-k-1)!}\\ &= \frac{k(n-1)!+(n-k)(n-1)!}{k!(n-k)!}=\frac{n!}{k!(n-k)!}\\ &= \binom{n}{k}\end{aligned}$$

증명 2 $\binom{n}{k}$는 $n$-집합에서 선택할 수 있는 $k$-부분집합의 개수이다. $n-$집합에서 $k$부분집합을 선택하는 방법은 $\binom{n}{k}$이고, 다음 두 가지가 있다.

i) $n$을 포함하는 $k$개를 선택하는 경우

$\{1,2,3,\cdots,n-1\}$에서 $k-1$ 개를 선택하면 된다. 그러므로

$$\binom{n-1}{k-1}$$

가지가 있다

ii) $n$을 포함하지 않는 경우.

$\{1,2,3,\cdots,n-1\}$에서 $k$개를 선택하는 방법과 같다. 따라서 이 경우에는

$$\binom{n-1}{k}$$

가지가 존재한다. ■

위의 정리로부터 다음과 같은 행렬을 만들 수 있다. 이것을 Pascal 행렬이라 한다.

| n \ k | 0 | 1 | 2 | 3 | 4 | 5 | ⋯ |
|---|---|---|---|---|---|---|---|
| 0 | 1 | 0 | 0 | 0 | 0 | 0 | ⋯ |
| 1 | 1 | 1 | 0 | 0 | 0 | 0 | ⋯ |
| 2 | 1 | 2 | 1 | 0 | 0 | 0 | ⋯ |
| 3 | 1 | 3 | 3 | 1 | 0 | 0 | ⋯ |
| 4 | 1 | 4 | 6 | 4 | 1 | 0 | ⋯ |
| 5 | 1 | 5 | 10 | 10 | 5 | 1 | ⋯ |
| ⋮ | ⋮ | ⋮ | ⋮ | ⋮ | ⋮ | ⋮ | ⋱ |

왼쪽에서 위의 두 칸을 더하면 아래의 칸과 같아진다. 마치 ㄱ 자 모양으로 이루어진다. 그래서 이 성질을 **ㄱ -법칙**으로 부르기로 한다.

## 예제3-1

파스칼 행렬의 $k$번째 열의 합을 구하여 보자.

$$\binom{0}{k}+\binom{1}{k}+\binom{2}{k}+\cdots+\binom{n}{k}=\binom{n+1}{k+1}$$

**풀이** $\binom{n}{k}$에서 $n<k$이면 $\binom{n}{k}=0$이므로 다음과 같이 쓸 수 있다.

$$\binom{0}{k}+\binom{1}{k}+\binom{2}{k}+\cdots+\binom{n}{k}=\binom{k}{k}+\binom{k+1}{k}+\cdots+\binom{n}{k}$$

파스칼행렬에서 ㄱ-법칙을 적용하면 쉽게 볼 수 있다. $\binom{k}{k+1}=0$이므로

$$\binom{k}{k}+\binom{k+1}{k}+\cdots+\binom{n}{k}=\left[\binom{k}{k}+\binom{k}{k+1}\right]+\binom{k+1}{k}+\cdots+\binom{n}{k}$$

이고, $\binom{k}{k}+\binom{k}{k+1}=\binom{k+1}{k+1}$이므로

$$\left(\binom{k}{k}+\binom{k}{k+1}\right)+\binom{k+1}{k}+\cdots+\binom{n}{k}=\binom{k+1}{k+1}+\binom{k+1}{k}+\cdots+\binom{n}{k}$$

이 된다. 그리고 $\binom{k+1}{k+1}+\binom{k+1}{k}=\binom{k+2}{k+1}$ 이므로

$$\left(\binom{k+1}{k+1}+\binom{k+1}{k}\right)+\cdots+\binom{n}{k}=\binom{k+2}{k+1}+\binom{k+2}{k}+\cdots+\binom{n}{k}$$

을 얻는다. 이렇게 ㄱ -법칙을 계속 사용하여, 주어진 항등식을 얻는다. ■

**예제3-2**

파스칼행렬의 대각선합을 구하여 보자. 다음을 살펴보자.

$$\left[\binom{n}{0}+\binom{n+1}{1}\right]+\binom{n+2}{2}+\cdots+\binom{n+k}{k}=\left[\binom{n+1}{0}+\binom{n+1}{1}\right]+\binom{n+2}{2}+\cdots+\binom{n+k}{k}$$

$$=\left[\binom{n+2}{1}+\binom{n+2}{2}\right]+\cdots+\binom{n+k}{k}$$

$$=\binom{n+k+1}{k}$$

따라서

$$\binom{n}{0}+\binom{n+1}{1}+\binom{n+2}{2}+\cdots+\binom{n+k}{k}=\binom{n+k+1}{k}$$

를 얻는다. 여기서도 파스칼 행렬에 ㄱ-법칙을 볼 수 있다. ■

**예제3-3**

파스칼행렬의 역대각선의 합에 대하여 살펴보자.

$b_n=\binom{n}{0}+\binom{n-1}{1}+\binom{n-2}{2}+\cdots+\binom{0}{n}$ 로 두자. $b_0=\binom{0}{0}=1$로 둔다. 그러면 다음을 만족한다.

$$b_0=1, b_1=1,\ b_{n+2}=b_n+b_{n+1}$$

즉, $b_n$은 피보나치수열을 이룬다.

$b_0=b_1=1$은 쉽게 얻어진다.

$$b_n+b_{n+1}=\binom{n}{0}+\binom{n-1}{1}+\cdots+\binom{0}{n}+\binom{n+1}{0}+\binom{n}{1}+\cdots+\binom{0}{n+1}$$

이다. 이 식을 재배열하면 다음과 같이 배열할 수 있다.

$$\binom{n+1}{0}+\binom{n}{0}+\binom{n}{1}+\binom{n-1}{1}+\binom{n-1}{2}+\cdots+\binom{0}{n}+\binom{0}{n+1}$$

$\binom{n+1}{0}=\binom{n+2}{0}=1$ 이고, **ㄱ -법칙**을 적용하여 아래를 얻는다.

$$\binom{n+2}{0}+\binom{n+1}{1}+\binom{n}{2}+\cdots+\binom{0}{n+2} \quad ■$$

**예제3-4**

이항계수와 관련하여 아래의 문제는 유명하다.

$$\binom{n}{0}^2+\binom{n}{1}^2+\binom{n}{2}^2+\cdots+\binom{n}{n}^2=\binom{2n}{n}$$

위의 식을 수식을 통해서 풀이하려면 쉽지가 않지만, 조합론적인 의미를 통해서 풀이하면 어렵지 않다. $2n$개에서 $n$개를 선택한다고 하자. 처음 $n$개에서 $k$개를 선택하고, 나머지 $n$개에서 $n-k$를 선택하면 된다. $k$는 0부터 $n$까지 변할 수 있으므로

$$\binom{2n}{n}=\binom{n}{0}\binom{n}{n}+\binom{n}{1}\binom{n}{n-1}+\cdots+\binom{n}{n}\binom{n}{0}$$

를 얻는다. 그런데 $\binom{n}{k}=\binom{n}{n-k}$가 성립하므로

$$\binom{n}{0}^2+\binom{n}{1}^2+\binom{n}{2}^2+\cdots+\binom{n}{n}^2=\binom{2n}{n} \quad ■$$

$\binom{n}{k}$가 이항계수(binomial coefficient)로 불리는 이유는 아래의 정리가 성립하기 때문이다.

**정 리 3-2 (이항정리)**

임의의 양의 정수 $n$에 대하여 다음이 성립한다.

$$(x+y)^n=\sum_{k=0}^{n}\binom{n}{k}x^k y^{n-k}.$$

※ 참고 : $(a+b)(l+m)(x+y+z)=alx+aly+alz+aml+\cdots+bmz$와 같이 된다. 우변에 나타난 항은 모두 앞의 인자들에서 하나씩 선택하여 곱으로 만들었다. 이것은 일반적인 곱셈의 법칙에 의해서 성립한다.

**증명 1** 다음과 같이 $x+y$의 $n$개 항을 모두 서로 다른 것으로 여기자.

$$(x+y)^n=(x+y)(x+y)\cdots(x+y)=(x_1+y_1)(x_2+y_2)\cdots(x_n+y_n)$$

전개하여 나타나는 항은 모든 인자에서 하나씩 가져와서 곱하여 만들어진다. $n$개의 인자에서 $x$ 또는 $y$를 선택하여 $n$개를 곱하여 전개식에 나타난다. 그러므로 $x^k y^{n-k}$가 만들어 지는 경우는 $n$개의 인자 중 $k$개를 $x$선택하는 경우만큼 나타나게 된다.
■

정리 2-2(이항정리)에서 $x,y$ 대신에 1을 대입하여 아래를 얻을 수 있다.

$$\binom{n}{0}+\binom{n}{1}+\binom{n}{2}+\cdots+\binom{n}{n}=2^n$$

이것은 파스칼행렬의 행의 합을 말해준다. 이로써 우리는 파스칼행렬의 행의 합, $n$행까지의 열의 합, 대각선의 합, 반대각선의 합이 성립하는 성질들을 살펴보았다. 이항계수는 여러 가지 항등식을 많이 가지고 있으므로 이외에도 자세하게 살펴볼 필요가 있다.

**예제3-5**

다음이 성립한다.

$$1\cdot\binom{n}{1}+2\cdot\binom{n}{2}+3\cdot\binom{n}{3}+\cdots+n\cdot\binom{n}{n}=\sum_{k=1}^{n}k\cdot\binom{n}{k}=n2^{n-1}$$

**풀이1** 이항정리로부터

$$(x+1)^n=\sum_{k=0}^{n}\binom{n}{k}x^k$$

가 성립한다. 양변을 미분하면

$$n(x+1)^{n-1}=\sum_{k=1}^{n}\binom{n}{k}kx^{k-1}$$

이다. 이 식의 양변의 $x=1$로 대입하여 다음 식을 얻을 수 있다.

$$1\cdot\binom{n}{1}+2\cdot\binom{n}{2}+\cdots+n\cdot\binom{n}{n}=n2^{n-1}$$

**풀이2** 이제 미분을 사용하지 않고 위식이 성립한다는 것을 증명해보자.
이항계수의 다음 성질을 자연스럽게 알 수 있다.

$$\binom{n}{k}=\frac{n!}{k!(n-k)!}=\frac{n(n-1)!}{k(k-1)!(n-k)!}=\frac{n}{k}\binom{n-1}{k-1}$$

앞에서 $\binom{n}{k}=\frac{n}{k}\binom{n-1}{k-1}$이 성립한다는 것을 알았다. 이것을 이용하여 다음과 같이 전개할 수 있다.

$$1\cdot\binom{n}{1}+2\cdot\binom{n}{2}+\cdots+n\cdot\binom{n}{n}=1\cdot\frac{n}{1}\binom{n-1}{0}+2\cdot\frac{n}{2}\binom{n-1}{1}+\cdots+n\cdot\frac{n}{n}\binom{n-1}{n-1}$$

$$= n \cdot \left( \binom{n-1}{0} + \binom{n-1}{1} + \cdots + \binom{n-1}{n-1} \right)$$
$$= n \cdot 2^{n-1}. \qquad \blacksquare$$

**예제3-6**

다음은 증명하여 보자.

$$1^2 \cdot \binom{n}{1} + 2^2 \cdot \binom{n}{2} + \cdots + n^2 \cdot \binom{n}{n} = n(n+1)2^{n-2}$$

**풀이1** 앞에서 $(x+1)^n = \sum_{k=0}^{n} \binom{n}{k} x^k$을 변변 미분하여 아래와 같은 식을 얻었다.

$$n(x+1)^{n-1} = \sum_{k=1}^{n} \binom{n}{k} k x^{k-1}$$

위 식의 양변에 $x$를 곱해주면 아래의 식을 얻는다.

$$nx(x+1)^{n-1} = \sum_{k=1}^{n} \binom{n}{k} k x^{k}$$

이 식을 한 번 더 미분하면 아래의 식을 얻을 수 있다.

$$n(x+1)^{n-1} + n(n-1)x(x+1)^{n-2} = \sum_{k=1}^{n} \binom{n}{k} k^2 x^{k-1}$$

이제 위의 식에 $x=1$로 함으로써 다음 항등식을 얻는다.

$$n(n+1)2^{n-2} = \sum_{k=1}^{n} k^2 \binom{n}{k} = 1^2 \binom{n}{1} + 2^2 \binom{n}{2} + \cdots + n^2 \binom{n}{n} .$$

**풀이2** 이 식을 미분을 사용하지 않고 증명해보자.

$$1^2 \cdot \binom{n}{1} + 2^2 \cdot \binom{n}{2} + \cdots + n^2 \cdot \binom{n}{n} = 1^2 \frac{n}{1} \binom{n-1}{0} + 2^2 \frac{n}{2} \binom{n-1}{1} + \cdots + n^2 \frac{n}{n} \binom{n-1}{n-1}$$
$$= n\left(1\binom{n-1}{0} + 2\binom{n-1}{1} + \cdots + n\binom{n-1}{n-1}\right)$$
$$= n\left(\binom{n-1}{0} + \binom{n-1}{1} + \cdots + \binom{n-1}{n-1}\right) + n\left(1\binom{n-1}{1} + 2\binom{n-1}{2} + \cdots + (n-1)\binom{n-1}{n-1}\right)$$
$$= n2^{n-1} + n(n-1)2^{n-2} = n(n+1)2^{n-2}.$$

을 얻는다. ■

**정 리 3-2 (다항계수의 ㄱ-법칙)**

임의의 양의 정수 $n = n_1 + n_2 + \cdots + n_k$에 대하여 다음이 성립한다.

$$\binom{n}{n_1, n_2, \cdots, n_k} = \binom{n-1}{n_1 - 1, n_2, \cdots, n_k} + \binom{n-1}{n_1, n_2 - 1, \cdots, n_k} + \cdots + \binom{n-1}{n_1, n_2, \cdots, n_k - 1}$$

**증명** 다음을 알 수 있다.

$$\binom{n}{n_1, n_2, \cdots, n_k} = \frac{n!}{n_1! n_2! \cdots n_k!} = \frac{n}{n_1} \frac{(n-1)!}{(n_1 - 1)!\, n_2! \cdots n_k!} = \frac{n}{n_1} \binom{n-1}{n_1 - 1, n_2, \cdots, n_k}$$

위의 등식은 $n_1$뿐만 아니라 모든 $n_i \, (1 \le i \le k)$에 대하여 성립한다는 것을 알 수 있다.

$$\begin{aligned}\binom{n}{n_1, n_2, \cdots, n_k} &= \frac{n_1 + n_2 + \cdots + n_k}{n} \binom{n}{n_1, n_2, \cdots, n_k} \\ &= \frac{n_1}{n} \binom{n}{n_1, n_2, \cdots, n_k} + \frac{n_2}{n} \binom{n}{n_1, n_2, \cdots, n_k} + \cdots + \frac{n_k}{n} \binom{n}{n_1, n_2, \cdots, n_k} \\ &= \binom{n-1}{n_1 - 1, n_2, \cdots, n_k} + \binom{n-1}{n_1, n_2 - 1, \cdots, n_k} + \cdots + \binom{n-1}{n_1, n_2, \cdots, n_k - 1}. \quad \blacksquare\end{aligned}$$

$$\binom{n}{n_1, n_2, \cdots, n_k} = \binom{n-1}{n_1 - 1, n_2, \cdots, n_k} + \binom{n-1}{n_1, n_2 - 1, \cdots, n_k} + \cdots + \binom{n-1}{n_1, n_2, \cdots, n_k - 1}$$

이항정리가 성립하듯이 다항정리도 성립한다. 일반적으로 성립하지만, 다음은 항이 세 개인 경우만 다루기로 한다.

**정 리 3-3 (다항정리)**

임의의 자연수 $n$에 대하여 다음이 성립한다.

$$(x + y + z)^n = \sum_{a+b+c=n}^{n} \binom{n}{a, b, c} x^a y^b z^c$$

**증명** 다음을 살펴보자.

$$(x + y + z)^n = (x + y + z)(x + y + z) \cdots (x + y + z)$$

그리고 $a, a, \cdots, a, b, \cdots, b, c, \cdots, c$에서 a, b, c의 개수는 $n$개라 하자. $a, a, \cdots, a, b, \cdots, b, c, \cdots, c$를 전개하였을 때, $a$가 있는 위치는 $x$를, $b$가 있는 곳은 $y$를, $c$가 있는 곳은 $z$를 선택하여 곱을 한다고 하면, 그 항은 $x^a y^b z^c$이 된다. 따라서 정리가 성립한다. ■

## 3-2. 이항계수의 확장

**정의 3-4.** 임의의 실수 $\alpha$에 대하여

$$[\alpha]_k = \alpha(\alpha-1)(\alpha-2)\cdots(\alpha-k+1),\ [\alpha]_0 = 1$$

로 정의하고 이를 하강계승(falling factorial)이라 부른다.

이항계수는 $\binom{n}{k} = \frac{[n]_k}{k!}$로 나타낼 수 있다.

하강계승을 이용하여 이항계수를 다음과 같이 확장하여 정의한다.

**정의 3-5.** 임의의 실수 $\alpha$와, 음이 아닌 정수 $k$에 대하여

$$\binom{\alpha}{k} = \begin{cases} \frac{[\alpha]_k}{k!} & \text{if} \quad k \geq 1 \\ 1 & \text{if} \quad k = 0. \end{cases}$$

**정 리 3-4**

임의의 실수 $\alpha$와 정수 $k \geq 1$에 대하여 다음이 성립한다. (ㄱ-법칙)

$$\binom{\alpha}{k} = \binom{\alpha-1}{k-1} + \binom{\alpha-1}{k}.$$

증명은 생략한다. ■

### 예제3-6

(1) $\binom{-n}{k} = \frac{[-n]_k}{k!} = \frac{-n(-n-1)\cdots(-n-k+1)}{k!}$

분모에서 (-1)을 묶어내어 정리하면 다음과 같다.

$$\binom{-n}{k} = \frac{(-1)^k n(n+1)(n+2)\cdots(n+k-1)}{k!} = (-1)^k \frac{[n+k-1]_k}{k!} = (-1)^k {}_nH_k$$

(2) $\binom{1/2}{k} = \frac{[1/2]_k}{k!} = \frac{\frac{1}{2}\left(\frac{1}{2}-1\right)\left(\frac{1}{2}-2\right)\cdots\left(\frac{1}{2}-k+1\right)}{k!}$

$$= \frac{\frac{1}{2}\left(\frac{1-2}{2}\right)\left(\frac{1-4}{2}\right)\cdots\left(\frac{1-2k+2}{2}\right)}{k!}$$

$$= \frac{(-1)^{k-1}1\cdot 3\cdot 5\cdot \cdots \cdot(2k-3)}{2^k k!} = \frac{(-1)^{k-1}1\cdot 2\cdot 3\cdot \cdots \cdot(2k-2)}{2^k 2\cdot 4\cdot \cdots \cdot(2k-2)k!}$$

$$= \frac{(-1)^{k-1}(2k-2)!}{2^{2k-1}k(k-1)!(k-1)!} = \frac{(-1)^{k-1}}{2^{2k-1}k}\binom{2k-2}{k-1}$$

이제 일반화된 이항정리를 살펴보자. 이것을 Newton의 이항정리라 한다.

**정 리 3-5 (Newton' s binomial theorem)**

임의의 실수 $\alpha$에 대하여,

$$(1+x)^{\alpha} = \sum_{n=0}^{\infty}\binom{\alpha}{n}x^n, \quad (x<1).$$

가 성립한다.

**증명** Taylor 급수전개에 의하여

$$f(x) = \sum_{n=0}^{\infty}\frac{f^{(n)}(0)}{n!}x^n$$

이다. 여기서 $c$는 0과 $x$사이의 어떤 수이고, $f^{(n)}(x) = \frac{d^n f(x)}{dx^n}$ 이다. 그리고

$$f^{(n)}(x) = \alpha(\alpha-1)\cdots(\alpha-n+1)(1+x)^{\alpha-n} = [\alpha]_n(1+x)^{\alpha-n}$$

이므로

$f^{(n)}(0) = [\alpha]_n$

이다. 따라서

$$f(x) = \sum_{n=0}^{\infty}\frac{[\alpha]_n}{n!}x^n = \sum_{n=0}^{\infty}\binom{\alpha}{n}x^n$$

을 얻는다. ■

뉴턴의 이항정리는 대단히 유용하다. 나중에 배우게 되는 생성함수(generating function)에서 유용하게 사용된다.

### 예제3-7

다음 주어진 방정식을 이항정리를 사용하여 급수로 표현하여 보자.

(1) $\dfrac{1}{(1-x)^k}$　　　(2) $\dfrac{1}{\sqrt{1-x}}$

**풀이** (1) $\dfrac{1}{(1-x)^k} = (1+(-x))^{-k} = \sum_{i=0}^{\infty}\binom{-k}{i}(-x)^i$

$\binom{-k}{i} = (-1)^i {}_kH_i$이므로 위의 식은

$$= \sum_{i=0}^{\infty} {}_kH_i x^i = \sum_{i=0}^{\infty}\binom{k+i-1}{i}x^i$$

(2) $\dfrac{1}{\sqrt{1-x}} = (1+(-x))^{-1/2} = \sum_{n=0}^{\infty}\binom{-1/2}{n}(-x)^n$

$$\binom{-1/2}{n} = \frac{-\frac{1}{2}\left(-\frac{1}{2}-1\right)\left(-\frac{1}{2}-2\right)\cdots\left(-\frac{1}{2}-n+1\right)}{n!}$$

$$= \frac{(-1)^n\frac{1}{2}\left(\frac{1+2}{2}\right)\left(\frac{1+4}{2}\right)\cdots\left(\frac{1+2n-2}{2}\right)}{n!}$$

$$= \frac{(-1)^n 1\cdot 3\cdot 5\cdot \cdots \cdot(2n-1)}{2^n n!}$$

$$= \frac{(-1)^n 1\cdot 2\cdot 3\cdot \cdots \cdot(2n-1)\cdot 2n}{2^n 2\cdot 4\cdot \cdots \cdot 2n\cdot n!}$$

$$= \frac{(-1)^n(2n)!}{2^{2n}n!\cdot n!} = (-1)^n\frac{1}{2^{2n}}\binom{2n}{n}$$

$$= \sum_{n=0}^{\infty}\binom{-1/2}{n}(-x)^n = \sum_{n=0}^{\infty}\frac{1}{2^{2n}}\binom{2n}{n}x^n \quad ■$$

# 연습문제

1 다음 식을 전개하였을 때, 주어진 항의 계수를 구하여라.

(1) $\left(x-\dfrac{2}{x}\right)^6$의 전개식에서 상수항

(2) $(x+y-\dfrac{2}{x})^5$ 의 전개했을 때 $y$의 계수

2 $n$-집합의 부분집합중 원소의 개수가 홀 수개인 부분집합의 수는 얼마인가?

3 다섯 자리의 수 중, 십의 자리가 3이고 3으로 나누어지는 수는 모두 몇 개인가?

4 { 1, 2, 2, 2, 3, 4, 5}을 일렬로 배열할 때 같은 숫자가 이웃하지 않도록 배열하는 방법 수는 모두 몇 가지인가?

5 우리나라 자동차 번호는 크게 4개의 주된 수가 있다. 4개의 수가 모두 다를 확률은 얼마인가?

6 유비와 조조가 주사위 게임을 하는데 주사위 4개를 동시에 던진다. 적어도 하나의 눈이 6이면 유비가 이기고 아니면 조조가 이긴다. 누가 이길 확률이 큰가?

7 $0 \le k \le n-1$ 과 같은 정수에 대하여

$$\sum_{j=0}^{k}\binom{n}{j}=\sum_{j=0}^{k}\binom{n-1-j}{k-j}2^j$$

임을 증명하여라.

8 모든 양의 정수 $n$에 대하여

$$n\binom{2n-1}{n-1}=\sum_{k=1}^{n}k\binom{n}{k}^2$$

임을 증명하여라.

9 모든 양의 정수 $n>1$에 대하여

$$\sum_{k=0}^{n}\frac{(-1)^{k+1}}{k+1}\binom{n}{k}=-\frac{1}{n+1}$$

임을 증명하여라.

10 $\displaystyle\sum_{p+q+r=n}\frac{n!}{p!q!r!}=3^n$ 임을 증명하여라.

11 $\sqrt[3]{1-x}$ 의 멱급수 전개에서 $x^n$의 계수를 구하여라.

12 모든 양의 정수 $n$에 대하여 $\displaystyle\sum_{\substack{k=1 \\ k\text{는 홀수}}}^{n}\binom{n}{k}5^k=\frac{6^n-(-4)^n}{2}$ 임을 증명하여라.

13 $n\geq k$인 임의의 음이 아닌 두 정수 $n,k$에 대하여

$$\binom{n}{k}+2\binom{n-1}{k}+3\binom{n-2}{k}+\cdots+k\binom{n-k+1}{k}=\binom{n+2}{k+2}$$

이 성립함을 보여라.

# 4. 계차수열

수열을 무한차원 벡터로 표시하여 a= $(a_0, a_1, a_2, \cdots)$ 와 같이 나타내기로 한다. 그리고 $e_0 = (1,0,0,\cdots)^T$, $e_1 = (0,1,0,\cdots)^T$, $i+1$번째만 1이고 나머지는 모두 0인 열벡터를 $e_i$로 정의한다. 수열 a의 제1계차수열(difference sequence)은 다음과 같이 정의한다.

$$\Delta a = (a_1 - a_0,\ a_2 - a_1,\ a_3 - a_2, \cdots)$$

계차수열의 일반항은 $\Delta a_i = a_{i+1} - a_i\ (i = 0,1,2,\cdots)$로 표현한다. 또 $a = \Delta^0 a$, $\Delta a = \Delta^1 a$로 두고 귀납적으로

$$\Delta^k a = \Delta(\Delta^{k-1} a)$$

로 정의한다. 이를 a의 제 $k$ 계차수열(the $k$-th difference sequence of a)이라고 하자. a의 제 $k$ 계차수열로 이루어진 행렬을 a 의 계차행렬이라 한다.

예를 들어, 수열 a= $(0,1,4,9,16,25,36,\cdots)$라 하면 다음과 같이 둘 수 있다.

| $\Delta^0 a$ | 0 | 1 | 4 | 9 | 16 | 25 | 36 | $\cdots$ |
|---|---|---|---|---|---|---|---|---|
| $\Delta^1 a$ | 1 | 3 | 5 | 7 | 9 | 11 | 13 | $\cdots$ |
| $\Delta^2 a$ | 2 | 2 | 2 | 2 | 2 | 2 | 2 | $\cdots$ |
| $\Delta^3 a$ | 0 | 0 | 0 | 0 | 0 | 0 | 0 | $\cdots$ |
| $\vdots$ | $\vdots$ | $\vdots$ | $\vdots$ | $\vdots$ | $\vdots$ | $\vdots$ | $\vdots$ | $\ddots$ |

위의 테이블을 수열 a의 계차행렬(differenced table)이라 한다. 계차행렬의 정의에 따라서 수열이 정의되어지면 계차행렬은 유일하게 정의된다. 뿐만 아니라, 수열 0행이 주어지면 0열도 유일하게 정의된다. 이 수열을 0번째 열 d= $(0,1,2,0,\cdots)^T$을 **a의 쌍대수열**(dual sequence)이라 한다. 이 행렬의 $(i,j)$성분을 $\Delta^i a_j$로 나타내기로 한다. 수열 a의 계차행렬(differenced table)은 이항계수와 방향이 다르게 누운 ㄱ-법칙이 성립한다. 이것은 계차행렬의 구성상 자연스럽게 성립

한다. 따라서 수열의 일반항과 이항계수와의 관계가 성립할 수 있을 것으로 짐작해 볼 수 있다.

**정 리 4-1**

쌍대수열이 $i$번째(0에서 출발)만 1이고 나머지 0인 수열 $e_i = (0,0,\cdots,0,1,0,0,0,\cdots)^T$이라면, 이 수열로 생성되는 계차행렬의 0행의 $n$ 번째 항은

$$\binom{n}{i}$$

이다.

증명 1 쌍대수열이 $i$번째(0에서 출발)만 1이고 나머지 0인 수열 $d = (0,0,\cdots,0,1,0,0,0,\cdots)^T$이라면, 계차행렬의 $i$행은 모두 1이다. 즉, $\Delta^i a_k = 1$, $(k = 0,1,2,\cdots)$가 성립한다. 계차행렬의 $i$행은 $(1,1,1,\cdots)$가 성립한다. 그리고 $\Delta^{i-1}a_k - \Delta^{i-1}a_{k-1} = \Delta^i a_{k-1}$이 성립하므로 계차행렬의 $i-1$행은 $(0,1,2,3,\cdots)$가 성립한다. 같은 이유로 $i-2$행은 $(0,0,1,3,6,\cdots)$가 성립한다. 이것을 행렬을 통해보면 아래와 같다.

| $\Delta^0 a$ | | | | | | | | |
|---|---|---|---|---|---|---|---|---|
| $\Delta^1 a$ | | | | | | | | |
| ⋮ | ⋮ | ⋮ | ⋮ | ⋮ | ⋮ | ⋮ | ⋮ | ⋮ |
| $\Delta^{i-2}a$ | 0 | 0 | 1 | 3 | 6 | 10 | 15 | ⋯ |
| $\Delta^{i-1}a$ | 0 | 1 | 2 | 3 | 4 | 5 | 6 | ⋯ |
| $\Delta^i a$ | 1 | 1 | 1 | 1 | 1 | 1 | 1 | ⋯ |
| | 0 | 0 | 0 | 0 | 0 | 0 | 0 | 0 |

위의 계차행렬을 세워서 보면, $i$행이 0 열이 되는 파스칼행렬과 같다. 그리고 계차행렬의 0행은 계차행렬을 세운 파스칼행렬의 $i$열과 같다. 계차행렬의 0행의 $n$번째 항은 계차행렬을 세운 파스칼행렬의 $n$행 $i$열과 같으므로 성분은 $\binom{n}{i}$가 된다. ■

쌍대수열이 $e_i = (0,0,\cdots,0,1,0,0,0,\cdots)^T$인 행렬에서, 0행의 $i$번째 이전의 성분은 모두 0이 됨을 알 수 있다. 0행은 $0,0,\cdots,0,\binom{i}{i},\binom{i+1}{i},\binom{i+2}{i},\cdots$와 같이 진행된다.

다음은 수열의 상수배에 대응하는 계차행렬도 원래 계차행렬의 상수배로 이루어진다는 것을 보여준다.

**정 리 4-2**

수열 $\mathbf{a}$의 계차행렬이 $A$라면, 수열 $c\mathbf{a}$의 계차행렬은 $cA$이다.

**증명** $A=(a_{ij})$가 계차행렬이므로 $a_{m,n}=a_{m-1,n+1}-a_{m-1,n}$이 성립한다. 따라서 $c\mathbf{a}=(ca_{00}, ca_{01}, ca_{02}, \cdots)$이고, $ca_{m,n}=ca_{m-1,n+1}-ca_{m-1,n}$이 성립한다. 따라서 행렬 $cA$는 수열 $c\mathbf{a}$의 계차행렬이 된다. ■

**정 리 4-3**

계차행렬은 $A_1$과 계차행렬 $A_2$의 합 $A_1+A_2$도 계차행렬이다.

**증명** $A_1=[a_{ij}]$라 하고 $A_2=[b_{ij}]$라 하자. $A_1+A_2$의 $(m,n)$성분은 $a_{mn}+b_{mn}$이 된다. 계차행렬의 정의로부터 $a_{mn}=a_{m-1,n+1}-a_{m-1,n}$이고 $b_{mn}=b_{m-1,n+1}-b_{m-1,n}$이다. 그러므로

$$a_{mn}+b_{mn}=(a_{m-1,n+1}+b_{m-1,n+1})-(a_{m-1,n}+b_{m-1,n})$$

이 성립하므로 $A_1+A_2$도 계차행렬이 된다. ■

**따름정리 4-4**

쌍대수열이 $\mathbf{d}_1$인 계차행렬을 $A_1$, 쌍대수열이 $\mathbf{d}_2$인 계차행렬을 $A_2$ 라고 할 때, 쌍대수열이 $c_1\mathbf{d}_1+c_2\mathbf{d}_2$ 의 계차행렬은 $c_1A_1+c_2A_2$ 이다. 여기서 $c_1$, $c_2$는 상수이다.

**증명** 위의 정리 2와 정리 3으로부터 자연스럽게 나온다. ■

위의 따름정리에서는 두 계차수열의 쌍대수열과 합을 나타내었지만, 위의 따름정리를 계속적으로 사용하면 여러 개의 계차행렬의 합도 계차행렬이 됨을 알 수 있다. 즉, 쌍대수열이 $\mathbf{d}_1, \mathbf{d}_2, \cdots, \mathbf{d}_n$ 이고 각 대응되는 계차행렬이 $A_1, A_2, \cdots, A_n$ 일 때, $c_1\mathbf{d}_1+c_2\mathbf{d}_2+\cdots+c_n\mathbf{d}_n$ 을 쌍대수열로 가지는 행렬은 $c_1A_1+c_2A_2+\cdots+c_nA_n$ 이 된다.

**정 리 4-5**

쌍대수열이 $\mathbf{d}=(d_0,d_1,d_2,\cdots)^T$ 인 계차행렬의 0번째 행의 $n$번째 항 즉, 수열 $a_n$의 일반항은 다음과 같다.

$$a_n = d_0\binom{n}{0} + d_1\binom{n}{1} + \cdots + d_n\binom{n}{n}$$

**증명** 쌍대수열 d= $(d_0, d_1, d_2, \cdots)^T = d_0\mathbf{e}_0 + d_1\mathbf{e}_1 + d_2\mathbf{e}_2 + \cdots$ 가 된다. 정리1과 따름정리 4로부터 자연스럽게 결론을 얻는다. ■

**예제4-1**

다음 수열의 일반항 $a_n = n^3 - 2n^2 + n - 3$ 일 때, 계차행렬을 구하여보자.

**풀이** 수열 a를 구해보면,

$$a_0 = -3,\ a_1 = -3,\ a_2 = -1,\ a_3 = 9,\ a_4 = 33,\ a_5 = 77,\ a_6 = 187,\ \cdots$$

와 같이 된다. 그러므로 계차행렬을 구해보면, 아래와 같다.

| $\Delta^0$a | -3 | -3 | -1 | 9 | 33 | 77 | 147 | … |
|---|---|---|---|---|---|---|---|---|
| $\Delta^1$a | 0 | 2 | 10 | 24 | 44 | 70 | … | |
| $\Delta^2$a | 2 | 8 | 14 | 20 | 26 | … | | |
| $\Delta^3$a | 6 | 6 | 6 | 6 | … | | | |
| $\Delta^4$a | 0 | 0 | 0 | | | | | |

■

**예제4-2**

다음 수열의 일반항 $a_n$을 구하여라.

-1, 1, 13, 71, 235, 589, 1241, …

**풀이**

| $\Delta^0$a | -1 | 1 | 13 | 71 | 235 | 589 | 1241 | … |
|---|---|---|---|---|---|---|---|---|
| $\Delta^1$a | 2 | 12 | 58 | 164 | 354 | 652 | … | |
| $\Delta^2$a | 10 | 46 | 106 | 190 | 296 | … | | |
| $\Delta^3$a | 36 | 60 | 84 | 106 | … | | | |
| $\Delta^4$a | 24 | 24 | 24 | … | | | | |
| $\Delta^5$a | 0 | 0 | … | | | | | |

따라서 수열 a의 일반항 $a_n$

$$a_n = -\binom{n}{0} + 2\binom{n}{1} + 10\binom{n}{2} + 36\binom{n}{3} + 24\binom{n}{4}$$

$$= -1 + 2n + \frac{10n(n-1)}{2!} + \frac{36n(n-1)(n-2)}{3!} + \frac{24n(n-1)(n-2)(n-3)}{4!}$$

$= n^4 - 2n^2 + 3n - 1$ ■

앞의 두 예제를 통하여 일반항이 $k$차 다항식으로 되어 있으면, 계차행렬의 $k$ 행 까지만 0행이 아니고 나머지는 0행이 된다. 다항식으로 이루어진 항의 계차항은 차수가 줄어들기 때문이다. $a_n = f(n)$ 이고 $f(n)$은 다음과 같이 나타난다고 하자.

$$f(n) = a_k n^k + a_{k-1} n^{k-1} + \cdots + a_1 n + a_0$$

그렇다면

$$f(n+1) = a_k (n+1)^k + a_{k-1} (n+1)^{k-1} + \cdots + a_1 (n+1) + a_0$$

이다.

이로 이루어지는 계차수열은 $f(n+1) - f(n)$ 이므로

$$f(n+1) - f(n) = (a_{k-1} + k a_k) n^{k-1} + g(n)$$

과 같은 형태이고 여기서 $g(n)$은 $n$에 관하여 $k-2$차 이하의 다항식이다.

앞의 예들과 계차수열의 형식을 고려해보면 다음을 자연스럽게 알 수 있다.

1. **일반항이 $k$차 다항식이면 계차행렬의 $k+1$행부터는 모두 0행이다.**
2. **쌍대수열의 $k$행까지 알기 위해서는 0행의 $k$번째 원소까지만 알면 된다.**
3. **일반적으로 계차행렬은 0행이 되는 행이 없을 수도 있다.**

위의 1로써 우리는 임의의 $k$차 다항식은 이항계수의 합으로 표현할 수 있음을 알 수 있다. 그리고 사실 계차행렬의 0행이 있을 필요충분조건은 수열의 일반항이 $n$에 관한 다항식으로 표현되어 지는 것이다.

위의 3번을 살펴보면 일반적으로 계차행렬은 0행을 가지지 않을 수도 있다. 예를 들어, $a_n = n^4$ 인 다항식으로 되었다고 하자.

$$a_0 = 0,\ a_1 = 1, a_2 = 16, a_3 = 81, a_4 = 256,\ a_5 = 625, a_6 = 1296, \cdots$$

| $\Delta^0 a$ | 0 | 1 | 16 | 81 | 256 | 625 | 1296 | $\cdots$ |
|---|---|---|---|---|---|---|---|---|
| $\Delta^1 a$ | 1 | 15 | 65 | 175 | 369 | 671 | $\cdots$ | |
| $\Delta^2 a$ | 14 | 50 | 110 | 194 | 302 | $\cdots$ | | |
| $\Delta^3 a$ | 36 | 60 | 84 | 108 | $\cdots$ | | | |
| $\Delta^4 a$ | 24 | 24 | 24 | $\cdots$ | | | | |
| $\Delta^5 a$ | 0 | 0 | $\cdots$ | | | | | |

위의 계차행렬의 0행에서 $4^4 = 256$까지만 계산하면 쌍대수열을 구할 수 있음을 알 수 있다. 그리고 계차행렬의 $n$번째 항은

$$n^4 = 0\binom{n}{0} + \binom{n}{1} + 14\binom{n}{2} + 36\binom{n}{3} + 24\binom{n}{4}$$

임을 알 수 있다.

수열의 일반항이 $n$에 관한 다항식이 아닌 경우는 다음의 예에서 볼 수 있다.

## 예제4-3

반항이 피보나찌 수열인 계차행렬을 보자.

$$f_0 = 1,\ f_1 = 1, f_{n+2} = f_{n+1} + f_n$$

**풀이**

| $\Delta^0 f$ | 1 | 1 | 2 | 3 | 5 | 8 | 13 | 21 |
|---|---|---|---|---|---|---|---|---|
| $\Delta^1 f$ | 0 | 1 | 1 | 2 | 3 | 5 | 8 | 13 |
| $\Delta^2 f$ | 1 | 0 | 1 | 1 | 2 | 3 | 5 | 8 |
| $\Delta^3 f$ | -1 | 1 | 0 | 1 | 1 | 2 | 3 | 5 |
| $\Delta^4 f$ | 2 | -1 | 1 | 0 | 1 | 1 | 2 | 3 |
| $\Delta^5 f$ | -3 | 2 | -1 | 1 | 0 | 1 | 1 | 2 |

위의 피보나치행렬로부터 피보나치 수열 $(f_0, f_1, f_2, \cdots) = (1, 1, 2, \cdots)$ 은 아래의 식이 성립함을 알 수 있다.

$$\binom{n}{1}f_0 - \binom{n}{2}f_1 + \binom{n}{3}f_2 + \cdots + (-1)^{n-1}\binom{n}{n}f_{n-1} = f_{n-1}$$

## 예제4-4

삼차다항식 $2n^3+1$을 이항계수의 일차결합으로 나타내어라.

$a_n=2n^3+1$로 두고 계차행렬을 만들어 보자. $a_n$이 3차 다항식이므로 $a_3$까지 구하기만 하면 된다.

| $\Delta^0$f | 1 | 3 | 17 | 55 |
|---|---|---|---|---|
| $\Delta^1$f | 2 | 14 | 38 | |
| $\Delta^2$f | 12 | 24 | | |
| $\Delta^3$f | 12 | | | |

따라서

$$2n^3+1=\binom{n}{0}+2\binom{n}{1}+12\binom{n}{2}+12\binom{n}{3}$$

으로 나타낼 수 있다.

# 연습문제

1 다음 수열의 계차행렬을 구하여라.

(1) $0, 2, 6, 12, 20, 30, \cdots$

(2) $1, 1, 0, 1, 1, 0, 1, 1, 0, 1, \cdots$

2 다음 다항식을 이항계수의 합으로 나타내어라.

(1) $n^2 - n$ (2) $3n^3 + n + 1$

3 계차행렬의 수열이 다음과 같을 때 쌍대수열을 구하여라. 수열은 0항부터 시작한다.

(1) $-5, -4, 3, \cdots, n^3 - 5, \cdots$

(2) $0, 1, 0, 1, 0, \cdots, \dfrac{1-(-1)^n}{2}, \cdots$

4 계차행렬의 쌍대열이 다음과 같을 때 수열의 일반항을 구하여라.

(1) $0,1,0,1,0,0,0, \cdots$

(2) $0, 1, 0, 1, 0, \cdots, \dfrac{1-(-1)^n}{2}, \cdots$

5 계차행렬의 한 행이 주어져 있을 때, 수열의 일반항을 구하여라.

(1) 3행, $(5,5,5,5,\cdots)$ (2) 3행, $(0,1,2,3,\cdots)$

6 $\displaystyle\sum_{k=0}^{n} k^4$을 $n$의 식으로 나타내어라.

7 $p(x)$는 실함수이고 $k$는 양의 정수일 때, 다음을 수학적 귀납법으로 증명하여 보아라.

$$\Delta^k p(x) = \sum_{i=0}^{k} (-1)^i \binom{k}{k-i} p(x + (k-i))$$

8 계차행렬의 이용하여 다음의 값을 결정하여라.

$$\binom{n}{0}-\binom{n}{1}+2\binom{n}{2}-2^2\binom{n}{3}+\cdots+(-1)^{k-1}\binom{n}{k}$$

9 수열 $a_n$의 계차행렬의 쌍대열이 1, -2, 0, 3, 0,0,0 이다. 이 수열의 $n$항까지의 합 $s_n$을 구하여라.

10 수열 $(a_0, a_1, a_2, \cdots)$ 의 쌍대수열이 $d_0, d_1, \cdots$, 일 때,

$$d_n = \sum_{i=0}^{n}(-1)^{n+k}\binom{n}{k}a_k$$

임을 증명하여라.

11 $n^3 - n - 1$을 이항계수의 합으로 표현하여라.

12 $\Delta^3(n^5 - 3n^2 + 1)$을 구하여라. 즉, 계차행렬의 세 번째 행의 일반항을 구하여라.

13 계차행렬의 세 번째 행이 $c_0, c_1, c_2, \cdots$가 되었다면, 일반항은 어떻게 표현할 수 있는가?

14 계차행렬의 세 번째 행이 $c_0, c_1, c_2, \cdots$가 되었다면, 일반항은 어떻게 표현할 수 있는가?

# 5. 포함배제의 원리

## 5-1. 포함배제의 원리

포함배제의 원리란(inclusion-exclusion principle) 합집합의 원소의 개수를 구할 때, 교집합의 원소의 개수를 덧셈과 뺄셈을 교대로 하는 원리이다. 다음은 잘 알려진 세 집합 $A, B, C$의 합집합의 원소의 개수를 나타내는 식이다. 다음과 같이 세 집합의 합집합의 원소의 개수를 헤아리는 방법은 잘 알려져 있다.

$$|A \cup B \cup C| = |A| + |B| + |C| - |A \cap B| - |A \cap C| - |B \cap C| + |A \cap B \cap C|$$

이 관계식은 헤아리는 문제에 대단히 유용한다. 예를 들어 보자

### 예제5-1

어느 학과 신입생 20 명은 모두 A, B, C 3 개의 동아리 중 하나 이상에 회원으로 가입하였다. 회원 수 현황은 아래와 같다.

| 동아리 | A | B | C | A와 B | A와 C | B와 C |
|---|---|---|---|---|---|---|
| 회원수 | 8 | 9 | 7 | 3 | 3 | 2 |

이때 3개의 동아리 모두에 가입한 학생 수는 얼마인가?

**풀이** 위 세 집합의 합집합에 관한 등식을 사용하여 풀이하여 보자. 세 개의 동아리 모두에 가입한 학생은 $A \cap B \cap C$ 이다. 그리고 신입생 20 명 모두 하나 이상의 동아리에 가입하였으므로 $|A \cup B \cup C| = 20$이다. 위의 합집합의 원소의 개수를 헤아리는 방법에 의해서
$20 = 8 + 9 + 7 - (3 + 3 + 2) + |A \cap B \cap C|$
식을 얻는다. 위 식으로부터 $|A \cap B \cap C| = 4$를 얻는다. ■

보통 세 집합의 합은 쉽게 구해지는데 일반적으로 확장이 가능하다.

**정 리 5-1**

임의의 $n$개의 집합 $A_1, A_2, \cdots, A_n$에 대하여 다음이 성립한다.

$$\begin{aligned}\left|\bigcup_{k=1}^{n} A_k\right| = \sum_{k=1}^{n}|A_k| - &\sum_{1 \le i < j \le n}|A_i \cap A_j| + \cdots \\ + (-1)^{k-1} &\sum_{1 \le i_1 < \cdots < i_k \le n}\left|A_{i_1} \cap \cdots \cap A_{i_k}\right| + \cdots \\ + (-1)^{n-1}&\left|\bigcap_{k=1}^{n} A_k\right|\end{aligned}$$

**증명 1** $n$에 관하여 수학적 귀납법을 적용하자.

$n=2$일 때는

$$|A_1 \cup A_2| = |A_1| + |A_2| - |A_1 \cap A_2|$$

가 성립한다. 즉, 두 개의 집합에 대하여는 성립한다.

이제 $n-1$개의 집합의 합집합의 원소의 개수는 정리가 성립한다고 가정하자.

$|A_1 \cup A_2 \cup \cdots \cup A_{n-1} \cup A_n|$에 대하여 $A_1 \cup A_2 \cup \cdots \cup A_{n-1}$을 하나의 집합으로 간주하면

$$\begin{aligned}|A_1 \cup A_2 \cup \cdots \cup A_{n-1} \cup A_n| &= |A_1 \cup A_2 \cup \cdots \cup A_{n-1}| \\ &\quad + |A_n| - |(A_1 \cup A_2 \cup \cdots \cup A_{n-1}) \cap A_n|\end{aligned}$$

이 성립한다. 귀납법 가정에 의하여

$$\begin{aligned}\left|\bigcup_{k=1}^{n-1} A_k\right| = \sum_{k=1}^{n-1}|A_k| - &\sum_{1 \le i < j \le n-1}|A_i \cap A_j| + \cdots \\ + (-1)^{k-1} &\sum_{1 \le i_1 < \cdots < i_k \le n-1}\left|A_{i_1} \cap \cdots \cap A_{i_k}\right| + \cdots \\ + (-1)^{n-2}&\left|\bigcap_{k=1}^{n-1} A_k\right|\end{aligned}$$

가 성립한다. 그리고

$(A_1 \cup A_2 \cup \cdots \cup A_{n-1}) \cap A_n = (A_1 \cap A_n) \cup (A_2 \cap A_n) \cup \cdots \cup (A_{n-1} \cap A_n)$

와 같이 $A_i \cap A_n$, $(i=1,2,\cdots,n-1)$과 같이 $n-1$개의 집합으로 표현되므로 또다시 수학적귀납법을 적용할 수 있다. 즉,

$$\begin{aligned}|(A_1 \cap A_n) \cup (A_2 \cap A_n) \cup \cdots \cup (A_{n-1} \cap A_n)| &= \sum_{i=1}^{n-1}|A_i \cap A_n| \\ - \sum_{1 \le i < j < n-1}&|A_i \cap A_j \cap A_n| \\ + \cdots + (-1)^{k-1} \sum_{1 \le i_1 < \cdots < i_k}&\left|A_{i_1} \cap A_{i_2} \cap \cdots \cap A_{i_k} \cap A_n\right| \\ + \cdots + (-1)^{n-2}&|A_1 \cap A_2 \cap \cdots \cap A_{n-1} \cap A_n|\end{aligned}$$

두 식으로부터

$$\begin{aligned}\left|\bigcup_{k=1}^{n} A_k\right| &= \sum_{k=1}^{n}|A_k| - \sum_{1 \le i < j \le n-1}|A_i \cap A_j| + \cdots \\ &+ (-1)^{k-1}\sum_{1 \le i_1 < \cdots < i_k \le n-1}|A_{i_1} \cap \cdots \cap A_{i_k}| + \cdots \\ &+ (-1)^{n-2}\left|\bigcap_{k=1}^{n-1} A_k\right| \\ &- \sum_{i=1}^{n-1}|A_i \cap A_n| \\ &+ \sum_{1 \le i < j < n-1}|A_i \cap A_j \cap A_n| \\ &+ \cdots + (-1)^k \sum_{1 \le i_1 < \cdots < i_k}|A_{i_1} \cap A_{i_2} \cap \cdots \cap A_{i_k} \cap A_n| \\ &+ \cdots + (-1)^{n-1}|A_1 \cap A_2 \cap \cdots \cap A_{n-1} \cap A_n|\end{aligned}$$

을 얻을 수 있다. 이것은 아래와 같이 됨을 알 수 있다.

$$\begin{aligned}\left|\bigcup_{k=1}^{n} A_k\right| &= \sum_{k=1}^{n}|A_k| - \sum_{1 \le i < j \le n}|A_i \cap A_j| + \cdots \\ &+ (-1)^{k-1}\sum_{1 \le i_1 < \cdots < i_k \le n}|A_{i_1} \cap \cdots \cap A_{i_k}| + \cdots \\ &+ (-1)^{n-1}\left|\bigcap_{k=1}^{n} A_k\right|\end{aligned}$$

**증명 2** $a \in A_1 \cup A_2 \cup \cdots \cup A_n$ 에 대하여, $a \in A_{i_1} \cap A_{i_2} \cap \cdots \cap A_{i_k}$ 이고 다른 $A_i$의 원소는 아니라고 하자.

$a$때문에 변화하는 교집합의 수를 살펴보자. 즉, $a$가 없다면 다음 수만큼 줄어 들 것이다.

$\sum_{i=1}^{n}|A_i|$ 에는 $k$ 만큼 변화한다.

$\sum_{1 \le i < j \le n}|A_i \cap A_j|$ 에는 $\binom{k}{2}$ 만큼 변화한다.

$\sum_{1 \le j_1 < \cdots < j_l \le n}|A_{j_1} \cap \cdots \cap A_{j_l}|$ 에는 $\binom{k}{l}$만큼 변화한다.

그리고 $\sum_{1 \le j_1 < \cdots < j_k \le n}|A_{j_1} \cap \cdots \cap A_{j_k}| = |A_{i_1} \cap \cdots \cap A_{i_k}|$ 가 성립한다. 그리고 $k$보다 큰 원소의 교집합에는 $a$를 포함할 수 없으므로 0이다. 따라서 정리의 우변에서 $a$때문에 변화하는 수는

$\binom{k}{1} - \binom{k}{2} + \cdots + (-1)^l\binom{k}{l} + \cdots + (-1)^{k-1}\binom{k}{k} = 1$

이 되므로 모든 원소는 우변에서 1만큼 수를 변화시킨다. 즉 우변의 수는 합집합의 원소의 개수와 같다. ■

포함배제의 원리는 특별한 치환의 원소의 개수를 헤아리는 것에 대단히 중요한 역할을 한다. 다음 몇 가지 예들을 보자.

### 예제5-2

1, 2, 3을 모두 가지는 99999 이하의 음이 아닌 정수의 개수를 구하여라.

**풀이1** 99999 이하의 음이 아닌 정수로써 1, 2, 3 모두를 가지는 수는 O□123을 배열하고 O또는 □를 0, 1, ⋯ , 9에서 선택하는 방법수이다.
i) 만약 O와 □를 서로 다르게 선택하고 1, 2, 3 두 개를 선택하여, O□123를 배열하는 방법수는 $\frac{5!}{2!}$이다. 따라서 이 경우는 $4\times\frac{5!}{2!}=240$이 된다. 그리고 O를 나머지 경우에서 뽑았다고 하면 O1234를 배열하는 방법 수는 5!이다. 이 경우에 모든 경우의 수는 $6\times 5!=720$이다. 따라서 모든 경우의 수는 960이 된다.

**풀이2** 다섯 자리의 음이 아닌 정수 중 $i$를 가지지 않는 집합을 $A_i$로 하면
$10^5-|A_1\cup A_2\cup A_3\cup A_4|$가 구하는 수이다.
$|A_i|$는 $10^5$의 수 중 $i$를 가지지 않는 수이므로 $9^5$이 된다. 그리고 $|A_i\cap A_j|$는 $i$와 $j$를 가지지 않는 수이므로 $8^5$이 된다. 그러므로

$$|A_1\cup\cdots\cup A_4|=\binom{4}{1}9^5-\binom{4}{2}8^5+\binom{4}{3}7^5-\binom{4}{4}6^5$$

이 된다.
따라서 $10^5-|A_1\cup\cdots\cup A_4|=10^5-\binom{4}{1}9^5+\binom{4}{2}8^5-\binom{4}{3}7^5+\binom{4}{4}6^5=960$을 얻는다.

### 예제5-3

자연수 $n=p_1p_2\cdots p_n$ (여기서 $p_i$ 는 서로 다른 소수)일 때, $n$이하의 수 중 $n$과 서로소인 수의 개수를 구하여라.

$$1\cdot\binom{n}{1}+2\cdot\binom{n}{2}+3\cdot\binom{n}{3}+\cdots+n\cdot\binom{n}{n}=\sum_{k=1}^{n}k\cdot\binom{n}{k}=n2^{n-1}$$

**풀이** $A_1$ : $p_1$의 배수이면서 $n$ 이하의 정수의 집합

$A_2$ : $p_2$의 배수이면서 $n$이하의 정수의 집합

이라고 하면 $|A_i| = \dfrac{n}{p_i}$ 이다. 그리고 $|A_i \cap A_j| = \dfrac{n}{p_i p_j}$가 된다. 따라서 포함배제의 원리에 의해서 $n$이하의 수 중 $n$과 서로소인 수들의 개수는 $n - |A_1 \cup A_2 \cup \cdots \cup A_n|$이다.

$$
\begin{aligned}
|A_1 \cup A_2 \cup \cdots \cup A_n| &= \sum_{i=1}^{n} \frac{n}{p_i} - \sum_{1 \le i_1 < i_2 \le n} \frac{n}{p_{i_1} p_{i_2}} + \cdots \\
&\quad + (-1)^{k-1} \sum_{1 \le i_1 < \cdots < i_k \le n} \frac{n}{p_{i_1} p_{i_2} \cdots p_{i_k}} + \cdots \\
&\quad + (-1)^{n-1} \frac{n}{p_1 p_2 \cdots p_n}
\end{aligned}
$$

그러므로 $n - |A_1 \cup A_2 \cup \cdots \cup A_n| = n\left(1 - \dfrac{1}{p_1}\right)\left(1 - \dfrac{1}{p_2}\right) \cdots \left(1 - \dfrac{1}{p_n}\right)$를 얻을 수 있다.

## 5-2. 포함배제의 원리의 응용

모자를 쓴 다섯 신사가 회의장에 들어오면서 모두 모자를 벗어 두었다가, 나가면서 아무렇게나 모자를 쓴다고 하였을 때, 모두 자기 모자를 쓰지 않을 확률은 얼마나 될까? 이것을 다음과 같이 표현할 수 있다.

$$\sigma : \{1, 2, 3, 4, 5\} \to \{1, 2, 3, 4, 5\}$$

가 일대일 대응일 때, $\sigma(i) \ne i, (i = 1,2,\cdots,5)$가 될 확률은 얼마일까?

정의 $n$-집합 $\{1, 2, 3, \cdots, n\}$에서 $n$-집합으로의 일대일 함수 중, $i\,(1,2,\cdots,n)$를 $i$에 대응시키지 않는 함수의 개수를 $n$차 교란수( n -th derangement number)하고, $D_n$으로 표기한다.

이제 $n$ 차 교란수는 어떻게 되는지 살펴보자.

**정 리 5-2 교란수(derangement number)**

$n$차 교란수는 다음과 같이 나타난다.

$$D_n = n!\sum_{i=0}^{n}(-1)^i\frac{1}{i!}$$

증명 1 $S_n$은 $n$집합에서 $n$집합으로의 모든 일대일 대응이고, $S_n$의 원소의 개수는 $n!$이다. 모든 일대일 대응의 집합에서 다음과 같은 $S_n$의 부분집합을 생각하자.

$A_1 = \{\sigma \in S_n \mid \sigma(1) = 1\}$,

$A_2 = \{\sigma \in S_n \mid \sigma(2) = 2\}$, $\cdots$, $A_n = \{\sigma \in S_n \mid \sigma(n) = n\}$

그렇다면 교란수 $D_n$은

$D_n = |S_n - A_1 \cup A_2 \cup \cdots \cup A_n| = n! - |A_1 \cup A_2 \cup \cdots \cup A_n|$

이다. 이제 $|A_1 \cup A_2 \cup \cdots \cup A_n|$을 찾아보자.

$A_1 = \{\sigma \in S_n \mid \sigma(1) = 1\}$이므로, $|A_1| = (n-1)!$이다. 1을 고정하고, 나머지집합의 일대일 대응의 개수와 같기 때문이다. 다른 집합도 마찬가지로 성립한다.

$A_1 \cap A_2 = \{\sigma \in S_n \mid \sigma(1) = 1, \text{ and } \sigma(2) = 2\}$ 이므로, $|A_1 \cap A_2| = (n-2)!$이다. 1과 2를 고정하고 나머지 집합의 일대일대응의 개수와 같기 때문이다.

마찬가지로, $|A_1 \cap A_2 \cap \cdots \cap A_k| = (n-k)!$이 성립한다.

그리고 각 $k(k=1,2,\cdots,n)$에 대하여, $k$ 개의 집합을 선택하는 방법수는 $\binom{n}{k}$개 있으므로 다음이 성립한다.

$$|A_1 \cup A_2 \cup \cdots \cup A_n| = \sum_{i=1}^{n}|A_i| - \sum_{1 \le i_1 < i_2 \le n}|A_{i_1} \cap A_{i_2}| + \cdots + (-1)^{n-1}|A_1 \cap A_2 \cap \cdots \cap A_n|$$

$$= \binom{n}{1}(n-1)! - \binom{n}{2}(n-2)! + \cdots + (-1)^{k-1}\binom{n}{k}(n-k)! + \cdots + (-1)^{n-1}\binom{n}{n}0!$$

$\binom{n}{k}(n-k)! = \frac{n!}{k!}$ 이므로 다음이 성립한다.

$$D_n = n! - |A_1 \cup \cdots \cup A_n| = n!\sum_{k=0}^{n}\frac{(-1)^k}{k!} \quad \blacksquare$$

처음 제시한 다섯 명의 신사가 무작정 모자를 쓸 때, 모두 자신의 모자를 쓰지 않는 경우의 수는 $D_5 = 5!\left(0! - \frac{1}{1!} + \frac{1}{2!} - \frac{1}{3!} + \frac{1}{4!} - \frac{1}{5!}\right) = 44$가 성립한다. 그러므로 확률은 $\frac{D_5}{5!} = \frac{44}{120} = \frac{11}{30}$.

**정 리 5-3 전사함수의 개수**

$n-$집합에서 $r-$ 집합으로 가는 전사함수의 개수는

$$T(n,r)=\sum_{k=0}^{r}(-1)^k\binom{r}{k}(r-k)^n$$

**증명 1** $n-$집합에서 $r-$ 집합으로 가는 모든 함수의 집합을 $\mathbb{P}_{n,r}$ 이라하면 $\mathbb{P}_{n,r}$의 원소의 개수는 $r^n$이다. 이것은 $n-$집합의 각 원소들이 대응될 수 있는 경우의 수가 $r$이기 때문이다. 이제 모든 함수의 집합에서 다음과 같은 $\mathbb{P}_{n,r}$의 부분집합을 고려해보자. $f\in\mathbb{P}_{n,r}$에 대하여 $Im(f)$는 $f$의 치역을 나타내기로 한다.

$A_1=\{f\in\mathbb{P}_{n,r}\mid 1\not\in Im(f)\}$,

$A_2=\{f\in\mathbb{P}_{n,r}\mid 2\not\in Im(f)\},\cdots,A_r=\{f\in\mathbb{P}_{n,r}\mid r\not\in Im(f)\}$

$A_1\cup A_2\cup\cdots\cup A_r$은 치역에 하나라도 빠진 모든 함수를 포함한다. 그러므로 $n-$집합에서 $r-$ 집합으로 가는 전사함수는 $\mathbb{P}_{n,r}-A_1\cup A_2\cup\cdots\cup A_r$ 이다. $A_1$은 치역에서 1이 빠졌으므로, $n$집합에서 $\{2,3,\cdots,r\}$로 가는 함수의 집합과 같다. 따라서 $|A_1|=(r-1)^n$이고 이는 다른 집합 $A_2, A_3,\cdots,A_r$ 등에도 마찬가지다.

이제 $A_1\cap A_2$를 살펴보자. 이것은 치역에 1,2모두를 포함하지 않으므로 $n$집합에서 $\{3,4,\cdots,r\}$로 가는 함수의 집합과 같다. 따라서 $|A_1\cap A_2|=(r-2)^n$이고, 다른 두 개의 집합의 교집합에서도 똑같다. 마찬가지로 $A_1\cap A_2\cap\cdots\cap A_k$는 $n$집합에서 $\{k+1,k+2,\cdots,r\}$로 가는 함수의 집합과 같다. 따라서 $|A_1\cap A_2\cap\cdots\cap A_k|=(r-k)^n$이고 이것은 임의의 $k$개의 교집합에서도 같다.

따라서 포함배제의 원리에 의해서

$$\begin{aligned}|A_1\cup A_2\cup\cdots\cup A_r| &= \sum_{i=1}^{r}|A_i|-\sum_{1\le i_1<i_2\le r}|A_{i_1}\cap A_{i_2}|+\cdots\\ &+(-1)^{k-1}\sum_{1\le i_1<\cdots<i_k\le r}|A_{i_1}\cap\cdots\cap A_{i_2}|+\cdots+(-1)^{r-1}|A_1\cap A_2\cap\cdots\cap A_r|\\ &=\binom{r}{1}(r-1)^1-\binom{r}{2}(r-2)^n+\cdots+(-1)^{k-1}\binom{r}{k}(r-k)^n+\cdots+(-1)^{r-1}\binom{r}{r}(r-r)^n\\ &=\sum_{k=1}^{r}\binom{r}{k}(-1)^{k-1}(r-k)^k\end{aligned}$$

따라서

$$r^n-|A_1\cup A_2\cup\cdots\cup A_r|=r^n-\sum_{k=1}^{r}(-1)^{k-1}\binom{r}{k}(r-k)^k=\sum_{k=0}^{r}(-1)^{k-1}\binom{r}{k}(r-k)^k$$

을 얻는다. ■

# 연습문제

1 $|A \cup B| = 8$, $|A \cap B| = 3$, $|C - (A \cup B)| = 3$일 때, $|A \cup B \cup C|$를 구하여라.

2 $|A| = 10$, $|B| = 10$, $|C| = 10$, $|A \cap B| = 6$, $|A \cap C| = 6$, $|B \cap C| = 6$일 때, $|A \cup B \cup C|$가 나올 수 있는 모든 경우를 구하여라.

3 $|A \cup B \cup C| = 30$, $|A| = 15$, $|B| = 15$, $|C| = 15$ 일 때, $|A \cap B \cap C|$의 최솟값과 최댓값을 구하여라.

4 $|A| = 8$, $|B| = 8$, $|C| = 8$일 때, $|A \cup B \cup C|$의 최댓값과 최솟값을 구하여라.

5 $|A \cup B \cup C| = 12$, $|A| = 8$, $|B| = 6$, $|C| = 8$, $|A \cap B| = 5$, 일 때, $|B \cap C|$의 최솟값과 최댓값을 구하여라.

6 $|A| = 10$, $|B| = 10$, $|C| = 10$, $|A \cap B| = 10$, $|A \cap C| = 10$, $|B \cap C| = 10$일 때, $|A \cup B \cup C|$를 구하여라.

7 $p,q$는 서로 다른 소수이다. $n = pq$ 일 때, $n$보다 작은 수 중 $n$과 서로소인 수의 개수를 포함배제의 원리를 사용하여 구하여라.

8 $p,q,r$이 서로 다른 소수이다. $m = pqr$일 때, $\phi(m)$을 구하여라.

9 12, 3456, 789 중 하나를 포함하는 1, 2, $\cdots$ , 9 의 순열의 개수와 123, 456, 789 중 하나를 포함하는 순열의 개수를 구하여라.

10 다음의 체스보드에 검은색 칸에는 루크를 놓지 않고 5개의 루크를 서로 공격하지 못하게 놓는 방법 수를 구하여라.

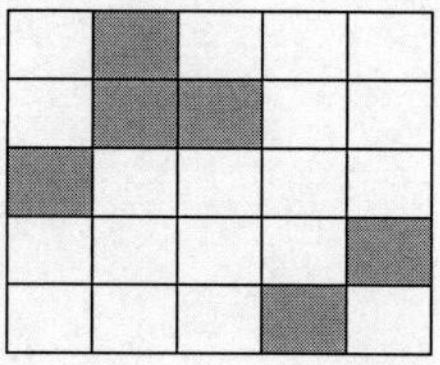

11 $X=\{1,2,3,4,5\}$이고 $Y=\{a,b,c\}$일 때, $X$에서 $Y$로의 전사함수의 개수를 구하여라.

12 교란수 $D_n$은 다음을 만족함을 증명하여라.

(1) $D_n=(n-1)(D_{n-1}+D_{n-2})$, $(n \geq 3)$

(2) $D_n=nD_{n-1}+(-1)^n$

13 1에서 9까지의 순열 중, $i$ 다음에 $i+1$이 아닌 순열의 개수는?

14 디오판투스 방정식

$x_1+x_2+x_3+x_4=20, 1 \leq x_1 \leq 3, 2 \leq x_2 \leq 5, 3 \leq x_3 \leq 10$, $0lex_4$

을 만족하는 정수쌍의 개수는?

# 6. 분배와 분할

## 6-1. 분배와 분할

분할은 나누는 것을 말하고 분배는 나누어 준다는 의미가 들어 있다. 따라 을 $k$ 그룹으로 나누는 방법은 많다. 예를 들면, $n$명을 1 번 방, 2번 방, …, $k$번 방에 들어가도록 나누는 것과, 그냥 운동장에 $k$개의 무리를 짓도록 나누는 방법이 있다. 또 각 방으로 나눌 때 빈방을 허용하는 경우와 허용하지 않는 경우, 운동장에 $k$개 이하의 무리로 짓는 방법 등을 생각할 수 있다. 이와 같은 분할은 $n$개의 서로 다른 구슬을 같은 접시에 놓을지 다른 접시에 놓을지 분할하는 것과 같다. $n$개의 같은 구슬을 나누는 경우도 똑같이 적용할 수 있다.

이와 같이 나누는 것을 다음 표와 같이 정리할 수 있다. 다음 표는 $n$개의 공을 $k$개의 상자에 분할하는 경우를 나타낸 것이다. 모든 상자에는 1개 이상의 공이 들어간다고 가정한다. 즉, 빈 상자를 허용하지 않는 것이다.

| | $n$개의 다른 구슬 | $n$개의 같은 구슬 |
|---|---|---|
| $r$개의 다른 접시 | $T(n,r)=\sum_{k=0}^{r}(-1)^k\binom{r}{k}(r-k)^n$ | $\binom{n-1}{r-1}$ |
| $r$개의 같은 접시 | ① $T(n,r)/r!$ | ② $\binom{n-1}{r-1}\Big/r!$ |

사실 이와 같은 분할은 이미 우리가 배운 것의 다른 표현이 많다. 이와 같이 다른 표현을 살펴볼 필요가 있다.

$n$개의 다른 구슬을 $r$개의 다른 접시에 넣는 방법은 $n$집합에서 $r$집합으로의 전사함수의 개수와 같다. 따라서 이 경우는 $T(n,r)=\sum_{k=0}^{r}(-1)^k\binom{r}{k}(r-k)^n$이 나온다.

$n$개의 같은 구슬을 $r$개의 다른 접시에 놓는 방법 수는 $x_1+x_2+\cdots+x_r=n$을

만족하는 양의 정수 쌍의 개수와 같다. 이 경우의 수는 $\binom{n-1}{r-1}$ 로 된다.

$n$개의 다른 공을 $r$개의 같은 접시에 분할하는 방법을 다른 방법으로 관찰하여 보자.

## 6-2. 제1,2종 스털링 수(Stirling number)

음이 아닌 정수 $n, r$에 대하여, $n$ 개의 서로 다른 구슬을 $r$개의 같은 접시에 놓은 방법수를 제2종 스털링 수라 하고 $S(n,r)$로 나타낸다. 이것은 $n$개의 서로 다른 구슬을 $r$개의 그룹으로 나누는 방법과 같다.

예를 들어, 집합 $\{A,B,C,D\}$를 2개의 그룹으로 나누는 방법수를 살펴보자.

먼저, 최소원의 개수가 1개이고 2개의 그룹으로 분할하는 방법은

$$(A,BCD),\ (B,ACD),\ (C,ABD),\ (D,ABC)$$

최소원의 수가 2개이고 2개의 그룹으로 분할하는 방법은

$$(AB,CD),\ (AC,BD),\ (AD,BC)$$

이다. 4개를 2개의 그룹으로 분할하면, 최소원의 수가 1 또는 2 밖에 없으므로, 앞에서 찾은 7개의 방법이 모두이다. $S(4,2)=7$ 이 된다.

만약 $n<r$ 이면, $n$명을 $r$개의 그룹으로 만들 수 없으므로 $S(n,r)=0$이고, $n$ $(n>0)$명의 0개의 그룹으로 나누는 방법이 없으므로 $S(n,0)=0$ 이다.

형식적으로 $S(0,0)=1$ 로 약속을 한다.

다음 정리가 성립한다.

**정 리 6-1 (ㄱ-열 법칙)**

$0<k<n$ 인 정수 $n,k$에 대하여

$$S(n,k)=S(n-1,k-1)+kS(n-1,k).$$

**증명** $n$-집합 $\{1,2,3,\cdots,n\}$을 $r$개의 같은 접시에 나누어 담을 때, $n$ 혼자 담기는 경우와 $n$이 다른 원소와 같이 담기는 경우가 있다. $n$ 한개 담는 경우 : 이 경우는 $n$을 제외한 나머지 $n-1$개를 $r-1$개의 같은 접시에 담는 방법수와 같으므로 $S(n-1,r-1)$ 가지가

있다.
$n$이 다른 원소와 같이 담기는 경우 : 이 경우는 $n-1$개를 $r$개의 같은 접시에 담은 후, $n$이 찾아갈 접시를 선택하는 경우가 있다. 따라서 이 경우는 $rS(n-1,r)$가지이다. 위 사실에 의해 $n$-집합을 $r$개의 빈 접시에 담는 방법 수는 $S(n,k)=S(n-1,k-1)+kS(n-1,k)$ 이다.

위의 점화식을 바탕으로 아래의 제2종 스털링 행렬의 수를 채워 보자.

| $n$ \ $r$ | 0 | 1 | 2 | 3 | 4 | 5 | 6 | 7 |
|---|---|---|---|---|---|---|---|---|
| 0 | 1 | 0 | 0 | 0 | 0 | 0 | 0 | 0 |
| 1 | 0 | 1 | 0 | 0 | 0 | 0 | 0 | 0 |
| 2 | 0 | 1 | 1 | 0 | 0 | 0 | 0 | 0 |
| 3 | 0 | 1 | 3 | 1 | 0 | 0 | 0 | 0 |
| 4 | 0 | 1 | 7 | 6 | 1 | 0 | 0 | 0 |
| 5 | 0 | 1 | 15 | 25 | 10 | 1 | 0 | 0 |
| 6 | 0 | 1 | 31 | 90 | 65 | 15 | 1 | 0 |
| 7 | 0 | 1 | 63 | 301 | 350 | 140 | 21 | 1 |

### 예제6-1

다음 등식을 증명하여라.

(1) $S(n,2)=2^{n-1}-1$

(2) $S(n,n-1)=\binom{n}{2}$

**풀이** (1) $S(n,2)$는 $n$개의 서로 다른 구슬을 2개의 같은 접시에 담는 방법수이다. $n$개의 서로 다른 구슬을 2개의 서로 다른 구슬에 담는 방법 수는 $2^n$이다. $n$ 집합에서 2집합으로의 함수의 개수와 같다. 그런데 적어도 한쪽이 0이 되는 경우는 2가지가 있으므로 $2^n-2$ 가지는 하나의 접시도 빈 접시가 되지 않는 경우이다. 이제 두 개의 접시가 같다고 보면 2로 나누어 주면 된다. (2) $n$개의 서로 다른 구슬 중 같은 접시에 담기는 두 개의 구슬을 고르는 방법 수와 같다. ■

위의 예 1)의 일반적인 경우를 살펴보자. $n$-집합에서 $r$집합으로의 전사함수의 개수는 $n$개의 서로 다른 구슬을 $r$개의 서로 다른 접시에 넣는 방법 수와 같다.

그러므로 이를 통하여 $n$개의 구슬을 $r$개의 같은 접시에 담는 방법 수를 구할 수 있다.

앞에서 $n$집합에서 $k$집합으로의 전사함수의 개수는

$$T(n,k)=\sum_{j=0}^{k}(-1)^{j}\binom{k}{j}(k-j)^{n}$$

임을 알고 있다. 따라서

$$S(n,k)=\frac{1}{k!}\sum_{j=0}^{k}(-1)^{j}\binom{k}{j}(k-j)^{n}$$

임을 알 수 있다.

**정의 6-1** 임의의 수 $x$와 $k(k>0)$ 인 정수에 대하여

$$[x]_k=x(x-1)(x-2)\cdots(x-k+1),$$

를 **하강계승(falling factorial)**이라 한다.

제 2종 스털링수는 다음과 같은 재미있는 항등식이 성립한다.

**정 리 6-2**

실수 $x$와 자연수 $n$에 대하여

$$x^n=\sum_{k=0}^{n}S(n,k)[x]_k.$$

**증명** $n$에 관하여 수학적 귀납법을 사용하자.

$n=1$일 때, $S(1,0)+S(1,1)x=x$이므로 성립한다. $n-1$일 때까지 성립한다고 가정하자. 즉, $x^{n-1}=\sum_{k=0}^{n-1}S(n-1,k)[x]_k$가 성립한다고 가정한다.

먼저,

$$\begin{aligned}[x]_{k+1}&=x(x-1)(x-2)\cdots(x-k+1)(x-k)\\&=x(x-1)(x-2)\cdots(x-k+1)x-kx(x-1)(x-2)\cdots(x-k+1)\\&=x[x]_k-k[x]_k\end{aligned}$$

따라서 $x[x]_k=[x]_{k+1}+k[x]_k$ 가 성립한다. 이제 위 식의 양변에 $x$를 곱하면

$$\begin{aligned} x^n &= \sum_{k=0}^{n-1} S(n-1,k)x[x]_k \\ &= \sum_{k=0}^{n-1} S(n-1,k)([x]_{k+1} + k[x]_k) \\ &= \sum_{k=0}^{n-1} S(n-1,k)[x]_{k+1} + \sum_{k=0}^{n-1} S(n-1,k)k[x]_k \end{aligned}$$

와 같이 나타난다. 그런데 $n$은 2 이상이므로 $k=0$에서 $S(n-1,0)=0$ 이므로 위의 마지막 식에서 $k=1$부터 합을 하여도 상관이 없다.

$$\begin{aligned} &\sum_{k=1}^{n-1} S(n-1,k)[x]_{k+1} + \sum_{k=1}^{n-1} S(n-1,k)k[x]_k \\ &\qquad = \sum_{k=2}^{n} S(n-1,k-1)[x]_k + \sum_{k=1}^{n-1} S(n-1,k)k[x]_k \\ &\qquad = \sum_{k=1}^{n} (S(n-1,k-1) + kS(n-1,k))[x]_k \\ &\qquad = \sum_{k=1}^{n} S(n,k)[x]_k \end{aligned}$$

참고로 위 식 세 번 줄 첫 번째 합은 $k=1$에서 $S(n-1,k-1)=0$이므로 식의 값은 상관이 없다. $x^n$을 $[x]_k$로 나타내기 위한 기본으로 제2종 스털링 수를 정의하기도 한다. 그렇다면 $[x]_n$을 $x^k$의 합으로 표현할 수 있을까?

하강계승 $[x]_n$을 $x^k$의 합으로 표현할 때 나타나는 계수 $s(n,k)$를 제1종 스털링 수(Stirling numbers of the first kind)로 정의한다. 즉,

**정의 6-2** 임의의 수 $x$와 $k(k>0)$ 인 정수에 대하여

$$[x]_n = \sum_{k=0}^{n} s(n,k)x^k \ , \ s(0,0)=1,$$

여기서 $s(n,k)$를 **제1종 스털링수(Stirling number of the first kind)**라 한다.

예를 들면, $[x]_3 = x(x-1)(x-2) = x^3 - 3x^2 + 2x$ 가 되므로

$$s(3,0)=0,\ s(3,1)=2,\ s(3,2)=-3,\ s(3,3)=1$$

이 된다. 그리고 $\begin{bmatrix} n \\ k \end{bmatrix} = |s(n,k)|$로 정의하고, **무부호제1종스털링수** (unsigned stirling number of the first kind) 라 부른다. $[x]_n = x(x-1)\cdots(x-(n-1))$의 전개식으로부터

$$s(n,k) = (-1)^{n+k}\begin{bmatrix} n \\ k \end{bmatrix}$$

임을 알 수 있다.

$[x]_n = \sum_{k=0}^{n} s(n,k)x^k$의 양변에 $(x-n)$을 곱해주면 좌변은 $[x]_{n+1}$이 된다. 그리고 우변은

$$\begin{aligned}\sum_{k=0}^{n} s(n,k)x^k(x-n) &= \sum_{k=0}^{n+1} s(n,k-1)x^k - \sum_{k=0}^{n+1} ns(n,k)x^k \\ &= \sum_{k=0}^{n+1}(s(n,k-1) - ns(n,k))x^k\end{aligned}$$

이다. 여기서 우변은 $\sum_{k=0}^{n+1} s(n,k)x^k$과 같아야 하므로 다음 식을 얻는다.

$$s(n+1,k) = s(n,k-1) - ns(n,k)$$

이 식으로부터

$$(-1)^{n+k+1}\begin{bmatrix} n+1 \\ k \end{bmatrix} = (-1)^{n+k-1}\begin{bmatrix} n \\ k-1 \end{bmatrix} - n(-1)^{n+k}\begin{bmatrix} n \\ k \end{bmatrix}$$

이다. 따라서 간단히 하면

$$\begin{bmatrix} n+1 \\ k \end{bmatrix} = \begin{bmatrix} n \\ k-1 \end{bmatrix} + n\begin{bmatrix} n \\ k \end{bmatrix} .$$

**정 리 6-3 (ㄱ-행 법칙)**

임의의 자연수 $n$, $k$에 대하여 다음이 성립한다.

$$\begin{bmatrix} n+1 \\ k \end{bmatrix} = \begin{bmatrix} n \\ k-1 \end{bmatrix} + n\begin{bmatrix} n \\ k \end{bmatrix}.$$

**정 리 6-4**

무부호제1종스털링수 $\begin{bmatrix} n \\ k \end{bmatrix}$는 $n$명을 $k$개의 원으로 세우는 방법 수를 나타낸다. 단, 혼자 있는 경우도 혼자서 1개의 원으로 이룬다고 한다.

증명 $n$명을 $k$개의 원으로 줄세우는 방법수를 $c(n,k)$라 하자. $n(n \geq 1)$명을 원으로 세 울 때, $n$이 혼자서 원을 만드는 경우와 $n$이 다른 사람과 같이 원을 만드는 방법이 있다.
$n$이 혼자서 원을 만드는 방법 : $n-1$이 $k-1$개의 원을 만들어야 하므로 $s(n-1,k-1)$.
$n$이 다른 사람과 같이 원을 만드는 방법 : $n-1$명이 $k$개의 원을 만들고 $n$이 누구의 옆에 서는 것인가를 결정하는 $(n-1)$가지 방법.
따라서 $c(n,k) = c(n-1,k-1)+(n-1)c(n-1,k)$ 가 성립하고
$c(0,0)=1$로 두면, $c(n,k)=\begin{bmatrix} n \\ k \end{bmatrix}$가 된다는 것을 알 수 있다.

**예제6-2**

$n$명을 1개의 원으로 만드는 방법 수는 $(n-1)!$ 이므로 $\begin{bmatrix} n \\ 1 \end{bmatrix}=(n-1)!$, $n$명을 $n$개의 원으로 줄 세우는 방법은 각 원에 혼자 있는 경우이므로 1, 즉, $\begin{bmatrix} n \\ n \end{bmatrix}=1$ 이다. $n$명을 $n-2$개의 원으로 줄 세우는 방법은 $n$명 중 2명을 골라 한 개의 원으로 만들고 나머지는 모두 혼자서 원을 만들므로 $\begin{bmatrix} n \\ n-2 \end{bmatrix}=\binom{n}{2}$가 성립한다. 그리고 자연스럽게 $k>n$ 일 때는 $\begin{bmatrix} n \\ k \end{bmatrix}=0$,이고 $n>1$ 일 때 $\begin{bmatrix} n \\ 0 \end{bmatrix}=0$ 이다. 위의 정리를 바탕으로 아래의 제1종 스털링 행렬을 보면 다음과 같다.

| $n$ \ $k$ | 0 | 1 | 2 | 3 | 4 | 5 | 6 | 7 | … |
|---|---|---|---|---|---|---|---|---|---|
| 0 | 1 | 0 | 0 | 0 | 0 | 0 | 0 | 0 | … |
| 1 | 0 | 1 | 0 | 0 | 0 | 0 | 0 | 0 | … |
| 2 | 0 | -1 | 1 | 0 | 0 | 0 | 0 | 0 | … |
| 3 | 0 | 2 | -3 | 1 | 0 | 0 | 0 | 0 | … |
| 4 | 0 | -6 | 11 | -6 | 1 | 0 | 0 | 0 | … |
| 5 | 0 | 24 | -50 | 35 | -10 | 1 | 0 | 0 | … |
| 6 | 0 | -120 | 274 | -225 | 85 | -15 | 1 | 0 | … |
| 7 | 0 | 720 | -1764 | 1624 | -735 | 175 | -21 | 1 | … |
| ⋮ | ⋮ | ⋮ | ⋮ | ⋮ | ⋮ | ⋮ | ⋮ | ⋮ | ⋱ |

$n$명을 $k$그룹으로 나누는 방법 $S(n,k)$로 제 2종 스털링수라 하였다. 그렇다면 $n$명을 임의의 그룹으로 나누는 방법은 모두 몇 가지일까? $n$명을 수 개의 그룹으로 나누는 방법 수를 벨 수(Bell number)라 하고 $B_n$으로 나타내기로 한다. 제 2종 스털링수의 정의로부터 다음 식을 쉽게 얻을 수 있다.

$$B_n = S(n,0) + S(n,1) + \cdots + S(n,n)$$

벨수는 다음 식이 성립한다.

**정 리 6-5 (벨수의 점화식)**

임의의 자연수 $n$에 대하여 벨수는 다음과 같이 나타난다.

$$B_n = \sum_{k=0}^{n-1} \binom{n-1}{k} B_k$$

증명 $n$개의 다른 구슬을 나눌 때, $n$번째 공을 생각하자. $n$ 번째 공이 $j$개와 같이 한 접시에 들어간다고 하자. 그러면 나머지 $n-j-1$ 개의(전체 $n$개에서 $n$번째 공과 $j$개의 공이 빠졌다.) 공이 $n-1$개의 접시에 나누어진다. 따라서 $n$과 한 접시에 담기게 되는 $j$개를 선택하는 방법 수는 $\binom{n-1}{j} B_{n-j-1}$ 이다. $j=0$부터 $n-1$까지 값을 가질 수 있으므로 정리가 성립한다.

16-집합을 9개의 부분집합으로 나누는 방법 수는 $S(16,9)$ 이다. 이때 9개의 부분집합에는 아무런 제약이 없다. 만약 9개의 부분집합에 조건을 준다면 어떻게 될까?

예를 들어, 16-집합을, 1-집합 4개의 그룹, 2-집합 3 그룹, 3집합- 2그룹해서 모두 9개의 그룹으로 나눈다면 어떻게 될까?

다음 단계를 따라 가면서 이에 대하여 알아보자.

단계1. 먼저, 각 그룹에 배당되는 개수는 같은데, 모든 그룹이 다른 그룹이라고 하자. 그렇다면 나누는 방법 수는 어떻게 될까?

$$\binom{16}{1}\binom{15}{1}\binom{14}{1}\binom{13}{1}\binom{12}{2}\binom{10}{2}\binom{8}{2}\binom{6}{3}\binom{3}{3}=\frac{16!}{1!1!1!1!2!2!2!3!3!}=\frac{16!}{(1!)^4(2!)^3(3!)^2}$$

이 된다. 각 접시들은 모두 다르기 때문에 위와 같이 선택만 하면 된다.

단계 2. 이제 1집합끼리 구분이 없고, 2집합끼리 구분이 없고, 3집합끼리 구분이 없다면, 앞의 식은 어떻게 바뀌게 되겠는가?

개수가 다른 접시들은 서로 다르게 볼 수 있기 때문에 같은 개수의 구슬이 담긴 접시끼리 순서를 바꿀 수 있다는 것만 고려하면 된다.

$$\frac{16!}{(1!)^4 4!(2!)^3 3!(3!)^2 2!}$$

위의 두 단계를 이용하면 다음 정리가 성립함을 알 수 있다.

**정 리 6-6**

서로 다른 자연수 $p, q, \cdots, r$ 과 자연수 $k, l, \cdots, m$ 에 대하여, $kp+lq+\cdots+mr=n$ 이라 할 때, $n$집합을 $k$개의 $p$집합, $l$개의 $q$집합, $\cdots$, $m$개의 $r$집합으로 분할하는 방법 수는

$$\frac{n!}{k!(p!)^k\, l!(q!)^l \cdots\ m!(r!)^m}$$

가 성립한다.

위의 정리를 벨 수에 적용할 수 있다. $p_i \geq 0\ (i=1,\cdots,n)$이 음이 아닌 정수이다.

$$\Omega_n=\{(p_1,p_2,\cdots,p_n)\mid p_1+2p_2+\cdots+np_n=n\}$$

이라하면 다음이 성립한다.

**정 리 6-7**

벨수 $B_n$에 대하여 다음이 성립한다.

$$B_n = n! \sum_{(p_1,p_2,\cdots,p_n)\in \Omega_n} \frac{1}{p_1!(1!)^{p_1}\, p_2!(2!)^{p_2} \cdots p_n!(n!)^{p_n}}$$

$$\Omega_n = \{(p_1,p_2,\cdots,p_n) \mid p_1 + 2p_2 + \cdots + np_n = n\}$$

## 6-3. 자연수의 분할

자연수 $n$, $k$에 대하여, $n$개의 바둑돌을 $k$개의 그룹으로 나누는 방법 수 $p(n,k)$를 $n$의 $k$분할 수(k-partition number)라 한다.

예를 들어, 7을 3개의 수로 분할하는 방법은

7= 5+ 1+ 1 = 4+2+ 1 = 3+ 3+ 1 = 3+ 2+ 2 (덧셈의 순서는 무시한다)

와 같이 4가지 있으므로 $p(7,3)=4$이다. 모든 자연수 $n$에 대하여 1개로 분할하는 방법은 한 가지 뿐이고, $n$개로 분할하는 방법도 한 가지 뿐이고, $n<k$인 경우 분할할 수 없으므로

$$p(n,1)=1,\ p(n,n)=1\ ,\ p(n,k)=0\ \ (n<k\text{인 경우})$$

이 성립한다.

분할 수에 대하여 다음 정리가 성립한다.

**정 리 6-8**

$1<k<n$인 정수 $n,k$에 대하여

$$p(n,k) = \sum_{i=1}^{k} p(n-k,i)$$

**증명** $p(n,k)$는 $n$개의 같은 구슬을 $k$개의 같은 접시에 놓는 방법 수이다. 따라서 $k$개의 접시에는 1개 이상의 구슬이 놓여 있어야 하므로 $n$개에서 한 개씩 $k$개의 접시에 놓는다. 그리고 남은 $n-k$개의 구슬을 1개의 통에 넣을 수도 있고, 2개의 통, ... , $k$개의 통에 넣을 수도 있다. 각 경우에 2개, 3개, ⋯ , 이상 들어 있는 구슬의 개수가 다르므로 모든 경우는 다른 경우가 된다. 따라서 식이 성립한다.

위의 식을 이용하여 다음 빈 칸에 $p(n,k)$를 채워 보아라.

| $n$ \ $k$ | 1 | 2 | 3 | 4 | 5 | 6 | 7 | $\cdots$ |
|---|---|---|---|---|---|---|---|---|
| 1 | 1 | 0 | 0 | 0 | 0 | 0 | 0 | $\cdots$ |
| 2 | 1 | 1 | 0 | 0 | 0 | 0 | 0 | $\cdots$ |
| 3 | 1 | 1 | 1 | 0 | 0 | 0 | 0 | $\cdots$ |
| 4 | 1 | 2 | 1 | 1 | 0 | 0 | 0 | $\cdots$ |
| 5 | 1 | 2 | 2 | 1 | 1 | 0 | 0 | $\cdots$ |
| 6 | 1 | 3 | 3 | 2 | 1 | 1 | 0 | $\cdots$ |
| 7 | 1 | 3 | 4 | 3 | 2 | 1 | 1 | $\cdots$ |
| $\vdots$ | $\vdots$ | $\vdots$ | $\vdots$ | $\vdots$ | $\vdots$ | $\vdots$ | $\vdots$ | $\ddots$ |

$n$을 $k$개 이하의 자연수의 합으로 나타내는 방법수를 $p_k(n)$이라 하면,

$$p_k(n) = p(n,1) + p(n,2) + \cdots + p(n,k)$$

가 됨을 알 수 있다. 또 $p_n(n) = p(n)$으로 나타내고, 이를 분할수(partition number)라 한다. 명백히

$$p(n) = p(n,1) + p(n,2) + \cdots + p(n,n)$$

임을 알 수 있다.

# 연습문제

1 다음의 방법 수를 구하여라.

(1) 다섯 개의 서로 다른 과일을 3명에게 나누어 주는 방법 수

(2) 다섯 개의 같은 사탕을 3명에게 나누어 주는 방법 수

(3) 다섯 개의 서로 다른 과일을 3개의 무리로 가르는 방법 수

(4) 다섯 개의 같은 사탕을 3개의 무리로 가르는 방법 수

(5) 5명의 사람들을 운동장에 3개의 원으로 줄 세우는 방법 수

2 $n$개의 같은 공을 $k$명에게 나누어 주는 방법 수는 $x_1+x_2+\cdots+x_k=n$을 만족하는 음이 아닌 자연수 쌍의 개수와 같음을 설명하여라.

3 $n$을 $k$이하의 자연수의 합으로 표현하는 방법 수는

$$x_1+2x_2+\cdots+kx_k=n$$

을 만족하는 음이 아닌 정수쌍 $(x_1,x_2,\cdots,x_k)$의 개수와 같다는 것을 보여라.

4 $\alpha=p_1p_2\cdots p_n$이고 $p_i(i=1,\cdots,n)$는 소수일 때, $\alpha$를 $k$개의 인수의 곱으로 나타내는 방법수를 구하여라.

5 $n$을 $k$개 이하의 자연수의 합으로 나타내는 방법수와 $n$을 $k$이하의 자연수의 합으로 나타내는 방법 수는 같음을 증명하여라.

6 $X=\{1,2,\cdots,10\}$을 다음과 같이 분류하는 방법 수를 구하여라.

(1) 3개의 공집합이 아닌 부분집합

(2) 3, 3, 4 개의 원소를 가지는 부분집합

7 다음을 구하여라.

(1)합이 $n$인 자연수열의 개수

(2)합이 $n$인 단조증가수열의 개수

8 다음 등식을 증명하여라.

(1) $S(n,k)=\sum_{i=0}^{n-1}\binom{n-1}{i}S(i,k-1)$

(2) $S(n+1,k+1)=\sum_{i=k}^{n}(k+1)^{n-i}S(i,k)$

9 $\begin{bmatrix}n\\0\end{bmatrix}+\begin{bmatrix}n\\1\end{bmatrix}+\begin{bmatrix}n\\2\end{bmatrix}+\cdots+\begin{bmatrix}n\\n\end{bmatrix}$을 구하여라.

10 다음의 제1종 스털링 수를 $n$의 식으로 나타내어라.

(1) $s(n,n-1)$

(2) $s(n,n-2)$

11 다음 물음에 답하여라.

(1) 13집합을 원소의 개수가 2, 2, 2, 2, 2, 3가 되도록 분할하는 방법 수를 구하여라.

(2) 20-집합을 원소의 개수가 2, 2, 2, 3, 3, 4, 4가 되도록 분할하는 방법 수를 구하여라.

12 모든 자연수 $n$에 대하여, $n$을 서로 다른 자연수들의 합으로 나타내는 방법 수 와 홀수인 자연수들의 합으로 나타내는 방법 수가 같음을 증명하여라.

# 7. 생성함수

## 7-1. 생성함수(generating function)

세 종류의 서로 다른 물건 $P$, $Q$, $R$에서 중복을 허락하여 뽑는 데, $P$는 4개 이하, $Q$는 2개 이하, $R$ 은 3개 이하가 되도록 $n$개를 선택하는 방법 수는 $p+q+r=n$, $(0 \leqq p \leqq 4, 0 \leqq q \leqq 2, 0 \leqq r \leqq 3)$ 의 정수해 $(p,q,r)$의 개수로 표현할 수 있다. 이 수를 다음 방정식의 전개식에서 $x^n$의 계수와 비교하여보자.

$$g(x) = (1+x+x^2+x^3+x^4)(1+x+x^2)(1+x+x^2+x^3)$$

위 다항식의 전개식에서 나타나는 항의 형태는

$$x^p x^q x^r \quad (0 \leqq p \leqq 4, 0 \leqq q \leqq 2, 0 \leqq r \leqq 3)$$

과 같다. 동류항을 모아 간단히 했을 때, $x^n$의 계수는 $p+q+r=n$인 항 $x^p x^q x^r$의 개수와 같다.

위 다항식 $g(x)$를 전개하면

$$g(x) = 1+3x+6x^2+9x^3+11x^4+11x^5+9x^6+6x^7+3x^8+x^9$$

이므로 $a_1 = 3, a_2 = 6, a_3 = 9$ 을 알 수가 있다.

**정의 7-1** 수열 a$= (a_0, a_1, a_2, \cdots)$ 에 대하여

$$f_{\mathsf{a}}(t) = a_0 + a_1 t + a_2 t^2 + a_3 t^3 + \cdots$$

를 수열 a의 생성함수(generating function)이라 한다..

예를 들면, 수열 1,1,1,1,1,$\cdots$의 생성함수는

$$g(x) = 1+x+x^2+x^3+\cdots = \frac{1}{1-x}$$

이항계수로 이루어진 수열 $\binom{n}{0},\binom{n}{1},\binom{n}{2},\binom{n}{3}\cdots$ 의 생성함수는

$$\binom{n}{0}+\binom{n}{1}x+\binom{n}{2}x^2+\binom{n}{3}x^3+\cdots=(1+x)^n$$

이 된다.

중복조합의 수로 이루어진 수열의 생성함수는 ${}_nH_0, {}_nH_1, {}_nH_2, {}_nH_3, \cdots$ 의 생성함수는

$$g(x)={}_nH_0+{}_nH_1x+{}_nH_2x^2+{}_nH_3x^2+\cdots=(1-x)^{-n},\ (|x|<1)$$

생성함수는 다항식의 지수와 계수의 관계를 형식적으로 밝혀 놓은 함수이기 때문에 수렴반경을 다루지는 않는다. 생성함수에서 $x$대신에 수를 대입하여 항등식을 찾는 것은 의미가 없다.

**예제7-1**

P, Q, R의 세 종류의 물건을 중복을 허락하여 뽑되, 각각 1 개 이상 뽑히도록, n 개를 선택하는 방법의 수를 구하시오.

**풀이** n 개를 뽑는 방법수를 $a_n$ 으로 두고, 수열 $a_0, a_1, a_2, \cdots$ 에 대하여 생성함수를 구하면

$$g(x)=(x+x^2+x^3+\cdots)(x+x^2+x^3+\cdots)(x+x^2+x^3+\cdots)$$

가 됨을 알 수가 있고 간단히 하면

$$g(x)=x^3(1+x+x^2+\cdots)^3=x^3(1-x)^{-3}$$

가 됨을 알 수가 있다. 그러므로

$$g(x)=x^3\sum_{n=0}^{\infty}{}_3H_nx^n=\sum_{n=0}^{\infty}{}_3H_nx^{n+3}$$

이 되고, $x^n$ 의 계수는 $_3H_{n-3}$ 이 됨을 알 수가 있다.

**예제7-2**

$x_1+x_2+\cdots+x_k=n$에서 $x_i$가 모두 홀수인 양의 정수 쌍의 개수 $a_n$을 구하시오.

**풀이** $x^{x_1}x^{x_2}\cdots x^{x_k}=x^n$ 을 만족하고 $x_i$ 는 모두 홀수여야 하기 때문에 $a_n$ 의 생성함수는

$$g(x)=(x+x^3+x^5+\cdots)^k=\frac{x^k}{(1-x^2)^k}$$
$$=x^k\sum_{n=0}^{\infty}(-1)^n\binom{k+n-1}{n}x^{2n}$$

## 7-2. 지수생성함수(exponential generating function)

서로 다른 세 종류의 물건 $P,Q,R$에서 중복을 허락하여 $n$개를 뽑아 배열을 할 때, $P$는 4개 이하, $Q$는 두 개 이하, $R$은 3개 이하로 하는 방법수 $a_n$이라 하면 $U_n$이라고 할 때,

$$a_n=\sum_{(p,q,r)\in U_n}\frac{(p+q+r)!}{p!q!r!}$$

단, $U_n$은 $p+q+r=n,\ (0\leqq p\leqq 4, 0\leqq q\leqq 2, 0\leqq r\leqq 3)$의 정수해 전체의 집합이다. 이제 위의 수와 아래의 다항식을 전개했을 때 계수를 비교하여 보자.

$$g(x)=\left(\frac{x^0}{0!}+\frac{x^1}{1!}+\frac{x^2}{2!}+\frac{x^3}{3!}+\frac{x^4}{4!}\right)\cdot\left(\frac{x^0}{0!}+\frac{x^1}{1!}+\frac{x^2}{2!}\right)\cdot\left(\frac{x^0}{0!}+\frac{x^1}{1!}+\frac{x^2}{2!}+\frac{x^3}{3!}\right)$$

$g(x)$의 전개식에서 나타나는 항은

$$\frac{x^p}{p!}\cdot\frac{x^q}{q!}\cdot\frac{x^r}{r!},\quad(0\leqq p\leqq 4, 0\leqq q\leqq 2, 0\leqq r\leqq 3)$$

의 꼴이다. 동류항을 모아 간단히 했을 때, $x^n$의 계수는

$$\sum_{(p,q,r)\in U_n}\frac{1}{p!q!r!}$$

이므로

$$\begin{aligned} g(x) &= \sum_{n=0}^{9}\sum_{(p,q,r)\in U_n}\frac{1}{p!q!r!}x^n \\ &= \sum_{n=0}^{9}\sum_{(p,q,r)\in U_n}\frac{n!}{p!q!r!}\frac{x^n}{n!} \end{aligned}$$

이고 따라서 $g(x)$를 전개했을 때, $\frac{x^n}{n!}$이 원하는 수와 같다.

> **정의 7-1** 수열 $a_0,a_1,a_2,\cdots$ 의 각항을 $x^0/0!,x/1!,x^2/2!,\cdots$와 결합하여 합한 함수
>
> $$g(x)=a_0\frac{x^0}{0!}+a_1\frac{x}{1!}+a_2\frac{x^2}{2!}+a_3\frac{x^3}{3!}+\cdots$$
>
> 를 수열 $a_0,a_1,a_2,\cdots$의 **지수생성함수(exponential generating function) 이라 한다.**

수열 $1,1,1,\cdots$ 의 지수생성함수는

$$g(x)=\sum_{n=0}^{\infty}\frac{x^n}{n!}=e^x$$

수열 $1,a,a^2,a^3,\cdots$ 의 지수생성함수는

$$g(x)=\sum_{n=0}^{\infty}a^n\frac{x^n}{n!}=e^{ax}$$

이와 같이, 생성함수는 조합의 개수를 구하는 도구로 사용되지만 지수생성함수는 순열의 개수를 구하는데 유용한 도구이다.

### 예제7-3

양의 정수 1과 2를 사용하여 만들 수 있는 $n$자리의 정수 중에서 1 이 짝수 개, 2가 1개 이상 들어 있는 수의 개수를 $n$에 관한 식으로 나타내어라.

**풀이** 중복 순열에 관한 문제이므로 $a_n$ 의지수생성함수를 생각한다.
구하는 수를 $a_n$ 이라 하면 $a_1, a_2, \cdots$ 의 지수 생성함수는

$$\begin{aligned} g(x) &= \left(1+\frac{x^2}{2!}+\frac{x^4}{4!}+\cdots\right)\left(\frac{x}{1!}+\frac{x^2}{2!}+\frac{x^3}{3!}+\cdots\right) \\ &= \frac{1}{2}(e^x+e^{-x})(e^x-1)= \frac{1}{2}(e^{2x}-e^x-e^{-x}+1) \\ &= \frac{1}{2}\left(\sum_{n=0}^{\infty} 2^n\frac{x^n}{n!}-\sum_{n=0}^{\infty}\frac{x^n}{n!}-\sum_{n=0}^{\infty}(-1)^n\frac{x^n}{n!}+1\right) \\ &= \sum_{n=1}^{\infty}\frac{1}{2}(2^n-(-1)^n-1)\frac{x^n}{n!} \end{aligned}$$

따라서, $a_n = \frac{1}{2}(2^n-(-1)^n-1)$ 이다.

## 7-3. 특수한 수의 생성함수 및 생성함수와 점화식

생성함수를 응용할 때 다음과 같은 곱의 규칙은 유용하게 사용된다.

$$\left(\sum_{i=0}^{\infty} a_i x^i\right)\left(\sum_{j=0}^{\infty} b_j x^j\right)= \sum_{n=0}^{\infty}\left(\sum_{i=0}^{n} a_i b_{n-i}\right)x^n$$

$$\left(\sum_{i=0}^{\infty} a_i \frac{x^i}{i!}\right)\left(\sum_{j=0}^{\infty} b_j \frac{x^j}{j!}\right)= \sum_{n=0}^{\infty}\left(\sum_{i=0}^{n}\binom{n}{i}a_i b_{n-i}\right)\frac{x^n}{n!}$$

위의 곱은 양변의 계수를 비교함으로써 어렵지 않게 보일 수 있다.

고정된 $k$에 대하여 $f_k(x)$는 $S(n,k)$의 생성함수라 하자. 즉

$$f_k(x) = \sum_{n=0}^{\infty} S(n,k)x^n$$

그런데 ㄱ-열법칙에 의하여 $S(n,k)=S(n-1,k-1)+kS(n-1,k)$이고, $k \geq 1$ 일 때, $S(0,k)$는 0이므로

$$f_k(x)=\sum_{n=0}^{\infty}(S(n-1,k-1)+kS(n-1,k))x^n=\sum_{n=1}^{\infty}(S(n-1,k-1)+kS(n-1,k))x^n$$

$$=\sum_{n=0}^{\infty}(S(n,k-1)+kS(n,k))x^{n+1}$$

$$=xf_{k-1}(x)+kxf_k(x)$$

따라서

$$f_k(x)=\frac{x}{1-kx}f_{k-1}(x)$$

이다. 또 $f_{k-1}(x)$는

$$f_{k-1}(x)=\sum_{n=0}^{\infty}(S(n,k-2)+(k-1)S(n,k-1))x^{n+1}$$

$$=xf_{k-2}(x)+(k-1)xf_{k-1}(x)$$

이다. $S(n,0)$에서 $S(0,0)=1$이고 나머지 $S(n,0)$는 모두 0이기 때문에

$$f_1(x)=\sum_{n=0}^{\infty}S(n,1)x^n=\sum_{n=1}^{\infty}(S(n-1,0)+S(n-1,1))x^n$$

$$=\sum_{n=0}^{\infty}S(n,1)x^{n+1}+\sum_{n=0}^{\infty}S(n,0)x^{n+1}$$

$$=xf_1(x)+x$$

이고, 다음정리를 얻는다.

**정 리 7-1**

고정된 양의 정수 $k$에 대하여,

$$\sum_{n=0}^{\infty}S(n,k)x^n=\frac{x}{1-x}\cdot\frac{x}{1-2x}\cdot\cdots\cdot\frac{x}{1-kx}$$

가 성립한다.

서로 다른 구슬 $n$개를 빈항아리 없이 $k$개에 모두 넣는 방법 수를 살펴보자. 즉, 제2종 스털링수를 다른 관점으로 보려는 것이다. 이를 위해 먼저 집합 $\{1,2,\cdots,n\}$에서 집합 $\{1,2,\cdots,k\}$로의 전사함수의 개수는 집합 $\{1,2,\cdots,k\}$에서 중복을 허용하여 $n$개를 뽑은 다음, 이 집합의 순열의 수와 같다. 1을 $p_1$개, 2를 $p_2$개, $\cdots$, $k$를 $p_k$개 뽑는다고 하면, $p_1+\cdots+p_k=n$이고,

$$T(n,k)=\sum_{p_1+\cdots+p_k=n}\binom{n}{p_1,\cdots,p_k}=\sum_{p_1+\cdots+p_k=n}\frac{n!}{p_1!p_2!\cdots p_k!}$$

이다. 이는

$$G(x)=\left(x+\frac{x^2}{2!}+\cdots\right)\cdots\left(x+\frac{x^2}{2!}+\cdots\right)=\left(x+\frac{x^2}{2!}+\cdots\right)^k$$
$$=(e^x-1)^k$$

의 전개식에서 $\dfrac{x^n}{n!}$의 계수와 같다. 그러므로 제 2종 스털링수의 지수생성함수는 다음과 같다.

**정 리 7-2**

고정된 양의 정수 $k$에 대하여,

$$\sum_{n=0}^{\infty}S(n,k)\frac{x^n}{n!}=\frac{(e^x-1)^k}{k!}$$

가 성립한다.

제1종 스털링수는 다음과 같이 정의된다.

$$[x]_n=\sum_{n=0}^{\infty}s(n,k)x^n$$

그리고

$$(1+x)^r=\sum_{k=0}^{\infty}\frac{[r]_k}{k!}x^r=\sum_{k=0}^{\infty}\left(\sum_{n=0}^{\infty}s(n,k)r^k\right)\frac{x^r}{k!}$$

$$(1+x)^r = e^{\ln(1+x)^r} = \sum_{k=0}^{\infty} r^k (\ln(1+x))^k \frac{1}{k!}$$

따라서 다음과 같은 정리를 얻을 수 있다.

**정 리 7-3**

고정된 양의 정수 $k$에 대하여,

$$\sum_{n=0}^{\infty} s(n,k)\frac{x^n}{n!} = \frac{(\ln(1+x))^k}{k!}$$

가 성립한다.

**예제7-4**

블록 $(n+1)$각형을 삼각형으로 분할하는 방법 수를 $a_n$이라고 할 때, $a_n$을 구하여 보자.

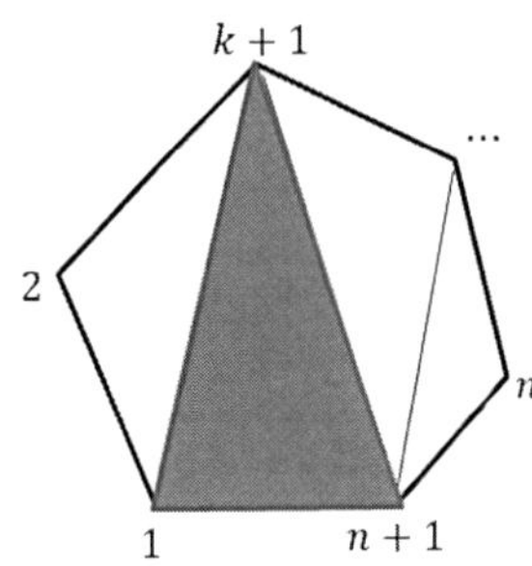


위의 삼각형 $1, k+1, n+1$을 품는 분할의 수를 $d_k$라고 한다면

$$d_k = a_k \cdot a_{n-k}$$

$$d_1 = a_{n-1}, d_n = a_{n-1}$$

그러므로

$$a_n = a_{n-1} + \sum_{k=2}^{n-2} a_k \cdot a_{n-k} + a_{n-1} = \sum_{k=1}^{n-1} a_k \cdot a_{n-k}$$

$a_1 = 1$ 로 정의하고 생성함수는

$$g(x) = (a_1 x + a_2 x^2 + a_3 x^3 + \cdots)^2$$

$$= a_1^2x^2 + (a_1a_2 + a_2a_1)x^3 + (a_1a_3 + a_2^2 + a_3a_1)x^4 + \cdots$$
$$= g(x) - x$$

그러므로 $g(x)^2 - g(x) + x = 0$이고 $g(x) = \dfrac{1 \pm \sqrt{1-4x}}{2} = \dfrac{1}{2} - \dfrac{1}{2}\sqrt{1-4x}$

$$\sqrt{1-4x} = (1-4x)^{1/2} = 1 + \sum_{n=1}^{\infty} \frac{(-1)^{n-1}}{n \cdot 2^{2n-1}} \binom{2n-2}{n-1} (-1)^n 4^n x^n$$
$$= 1 - \sum_{n=1}^{\infty} \frac{2}{n} \binom{2n-2}{n-1} x^n$$

그러므로 $g(x) = \displaystyle\sum_{n=1}^{\infty} \frac{1}{n} \binom{2n-2}{n-1} x^n$.

여기서 $g(x)$의 계수 $\dfrac{1}{n}\dbinom{2n-2}{n-1}$을 $n$번째 카탈란 수($n$th Catalan number)라 한다.

### 예제7-5

만약 수열이 다음의 점화식을 만족한다고 하자.

$$a_{n+1} = 4a_n - 3, \ a_0 = 1$$

그렇다면 다음 식을 고려해볼 수 있다.

$$\sum_{n=0}^{\infty} a_{n+1}x^{n+1} = \sum_{n=0}^{\infty} (4a_n - 3)x^{n+1} = 4\sum_{n=0}^{\infty} a_n x^{n+1} + 3\sum_{n=0}^{\infty} x^{n+1}$$

이는

$$\sum_{n=1}^{\infty} a_n x^n = 4x\sum_{n=0}^{\infty} a_n x^n + 3x\sum_{n=0}^{\infty} x^n$$

이다. 여기서 $g(x) = \displaystyle\sum_{n=0}^{\infty} a_n x^n$으로 둔다면

$$g(x) - a_0 = 4xg(x) + \frac{3x}{1-x}$$

따라서

$g(x) = \dfrac{1}{1-4x} + \dfrac{3x}{(1-x)(1-4x)}$를 얻는다.

$$\frac{3x}{(1-x)(1-4x)} = -\frac{1}{1-x} + \frac{1}{1-4x}$$

이므로

$$g(x) = \frac{2}{1-4x} - \frac{1}{1-x} = 2\sum_{n=0}^{\infty}(4x)^n - \sum_{n=0}^{\infty}x^n$$

$$= \sum_{n=0}^{\infty}(2 \cdot 4^n - 1)x^n$$

을 얻으며, $a_n = 2 \cdot 4^n - 1$임을 알 수 있다.

## 예제7-6

생성함수를 이용한 점화식의 풀이를 다르게 살펴보자.

$$a_{n+1} = 5a_n - 6a_{n-1},\ a_0 = 2,\ a_1 = 5$$

라 하고, $g(x) = \sum_{n=0}^{\infty} a_n x^n$으로 두자.

$$5g(x) = 5(a_0 + a_1x + a_2x^2 + a_3x^3 + \cdots)$$

$$6xg(x) = 6x(a_0 + a_1x + a_2x^2 + a_3x^3 + \cdots)$$

이므로 변끼리 뺄셈을 하면

$$(5-6x)g(x) = 5a_0 + (5a_1 - 6a_0)x + (5a_2 - 6a_1)x^2 + (5a_3 - 6a_2)x^3 + \cdots$$

$$= 10 + a_2x + a_3x^2 + a_4x^3 + \cdots$$

$$= 10 + \frac{g(x) - (2+5x)}{x}$$

따라서

$$g(x) = \frac{2-5x}{1-5x+6x^2} = \frac{1}{1-2x} + \frac{1}{1-3x}$$

$$= \sum_{n=0}^{\infty}(2^n + 3^n)x^n$$

을 얻으므로 $a_n = 2^n + 3^n$이다.

# 연습문제

1 다음 수열의 일반항을 생성함수를 사용하여 구하여라.

(1) 1, 0, 1, 0, 1, 0, ⋯

(2) 1, 2, 2, 3, 3, 3, 3, ⋯

2 다음 점화식을 생성함수를 이용하여 풀이하여라.

(1) $a_{n+1} = -a_n + 2a_{n-1},\ a_0 = 2,\ a_1 = -1$

(2) $a_{n+1} = 4a_{n-2}, a_0 = 2,\ a_1 = 0$

(3) $a_{n+1} = a_n + 2^n,\ a_0 = 0$

3 수열 $(a_0, a_1, a_2, \cdots)$에 대하여 $b_n = \sum_{i=0}^{n} a_i$라 할 때, 수열 $a_n$ 의 생성함수와 $b_n$의 생성함수의 관계를 구하여라.

4 $a_n = n^2$일 때, 수열 $a_n$의 생성함수를 구하여라.

5 다음 $n$개를 선택하는 방법 수를 $a_n$이라 할 때, 점화식을 사용하여 $a_n$을 구하여라.

(1) 2개 이하의 붉은 구슬, 3개 이하의 노란구슬, 임의의 개수의 하얀 구슬

(2) 짝수개의 붉은 구슬, 홀수개의 노란구슬

6 자연수 중, 1을 홀수 개, 2를 짝수개 사용하는 $n$자리 자연수의 개수를 $a_n$이라 할 때, $a_n$을 구하여라.

7 다음문제에서 말하는 $a_n$을 구하여라.

(1) 2개 이하의 붉은 구슬, 3개 이하의 노란구슬, 임의의 개수의 하얀 구슬 중 $n$개를 선택하여 배열하는 방법 수 $a_n$

(2) 짝수개의 붉은 구슬과 홀수개의 흰 구슬을 합하여 $n$개를 선택하여 나열하는 방법 수

8 1, 2로 만들 수 있는 정수 중에서 1이 짝수 개, 2가 홀수 개 사용된 $n$자리 자연수의 개수를 구하여라.

9 정수 $n$을 크기가 $k$이하로 분할하는 방법 수를 개수를 $p_k(n)$이라 할 때,

$$\sum_{n=0}^{\infty} p_k(n)x^n = \prod_{i=1}^{k} \frac{1}{1-x^i}$$
$$= (1+x+x^2+\cdots)(1+x^2+x^4+\cdots)\cdots(1+x^k+x^{2k}+\cdots)$$

임을 보여라.

10 자연수 $n,r$에 대하여 $n$을 $r$이하의 자연수의 합으로 나타내는 방법 수를 나타내는 생성함수를 구하여라.

11 서로 다른 바구니 1, 2, 3에 열 개의 구슬을 모두 담는데, 첫 번째는 1개 이상, 2번째는 2개 이상 3번째는 3개 이상 담는 방법수를 구하여라.

12 1부터 $n$까지의 수를 처음 $k$부분과 나머지 $n-k$부분으로 나눈 다음, 처음 $k$개에서 하나를 선택하고 나머지 $n-k$에서 두 개를 선택하는 방법 수를 생성함수를 이용하여 구하여라.

13 수열이 점화식 $a_{n+1}=(n+1)a_n+n(n+1)a_{n-1}$, $a_0=a_1=1$을 만족할 때 일반항을 구하여라.

# 8. 알고리즘과 재귀함수

## 8-1. 알고리즘

지금까지는 어떤 사건이 존재와 몇 개나 존재할까에 대하여 공부하였다. 이제 실제로 이러한 값들을 구한다고 생각해보자. 예를 들어

$$r = \frac{1}{1} \cdot \frac{2}{3} \cdot \frac{3}{5} \cdot \cdots \cdot \frac{100}{199}$$

의 계산을 고려하여 보자.

| |
|---|
| 먼저, $n=100$을 입력한다.<br>단계1. $k=1$, $r=1$로 둔다.<br>단계2. $k=n$이면 $r$을 출력하고 멈춘다. $k<n$이면 s3으로 간다.<br>단계3. $\frac{k}{2k-1} \cdot r$ 을 새로운 $r$로 두고, $k+1$을 $k$로 하고 s2로 간다. |

위에서 출력되는 $r$의 값을 보자.

$n=100$이다.

단계1에서 $k=1$, $r=1$ 이다. s2로 간다.

단계2에서 $k=1$이고 $k \neq n=100$ 이기 때문에 단계3으로 간다.

단계3에서 $\frac{1}{1} \cdot 1$ 이 새로운 $r$이 되고, $k=2$가 되어 단계2로 간다.

단계2에서 $k=2 \neq n=100$ 이고 단계3으로 간다.

단계3에서 $k=2, r=1$로부터 새로운 $r=\frac{2}{3} \cdot 1$이 되고, $k=3$이 되며 다시 단계 2로 간다.

단계 2에서 $k=3 \neq n=100$ 이므로 단계3으로 간다.

단계3에서 $k=3, r=\frac{2}{3}$로부터 새로운 $r=\frac{3}{5}\cdot\frac{2}{3}$이 되고, $k=4$가 되며 다시 단계2로 간다.

이와 같이 순서대로 문제를 해결하는 단계를 제시한 것을 알고리즘이라 한다. 계산 또는 비교 횟수는 알고리즘에 의존한다. 알고리즘의 효율성은 계산 또는 비교횟수로 결정한다. 이것을 복잡도(complexity)라 한다.

| **삽입정렬 알고리즘** |
|---|
| $n$개의 실수 $a_1, a_2, a_3, \cdots, a_n$ 을 크기순으로 나열하는 알고리즘 |
| 1. $a_1 = x_1$으로 둔다. |
| 2. $a_2$를 $x_1$과 비교하여, 큰 수부터 $x_1, x_2$로 둔다. |
| 3. $x_1, x_2, \cdots, x_k$ 가 있을 때, $a_{k+1}$을 앞에서부터 비교하여 크기 순서에 맞게 세운다. |

이 알고리즘의 복잡도로써 비교의 횟수를 잡는다고 하면, 최악의 경우 $a_k$의 경우 $k-1$번을 비교해야 하므로 $\frac{n(n-1)}{2}$ 번의 비교를 해야 한다.

| **병합정렬알고리즘** |
|---|
| $n$개의 실수 $a_1, a_2, a_3, \cdots, a_n$ 을 크기순으로 나열하는 알고리즘 |
| 두 개씩 비교하여 큰 수부터 배열. |
| 제일 앞의 두 수를 비교하여 큰 수를 빼고, 나머지를 다시 정렬. |

다음은 8개의 수 8, 3, 4, 2, 7, 5, 6, 1을 병합정렬을 중복 사용하여 전체로 정렬시키는 과정이다.

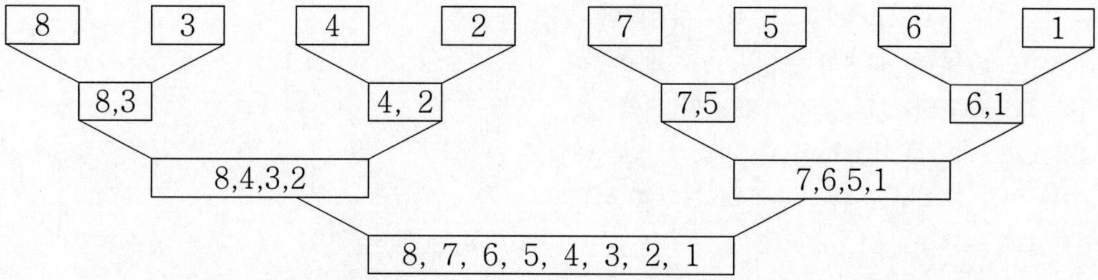


원소의 수가 $2^n$인 경우 병합정렬은 대칭을 보여준다. 물론 원소의 수가 $2^n$개 아니더라도 병합정렬이 가능하다. 크기 순서로 나열된 두 개의 열 $a_1, a_2, \cdots, a_r$과 $b_1, b_2, \cdots, b_s$를 합쳐서 하나로 나열할 때 $r+s-1$ 번의 비교가 필요하다. 이제 원소가 $2^n$개인 수들을 병합정렬로 크기순서로 배열한다고 하자.

처음 단계 두 개씩 비교할 때 비교횟수는 $\frac{n}{2}$이다. 그 다음 비교횟수는 $\frac{n}{2^{2-1}}(2^2-1)$이 된다. 4개씩 배열하는데 모두 $\frac{n}{2^{2-1}}$개 있기 때문이다.

일반적으로 $2^n$을 비교할 때 비교횟수는 $f(2^n)=(n-1)2^n+1$이 성립한다. 여기서 $2^n$ 대신에 $n$을 대입한다면

$$f(n)=n(\log_2 n-1)+1$$

이 됨을 알 수 있다.

**버블 정렬 알고리즘**

$a_1, a_2, \cdots, a_n$ 을 크기 순서로 배열

1. $a_1$과 $a_2$를 비교하여 크기 순서로 배열
2. $a_i$ 와 $a_{i-1}$을 비교한 수와 $a_{i+1}$과 비교.

마지막 수가 결정되면, 그 수를 제외하고 다시 시작.

**예제8-2**

수의 배열 4, 1, 3, 5, 2를 버블정렬로 크기 순서로 배열하여 보자.

**풀이** 처음 4와 1을 비교, 1, 4로 배열한다.
다음으로 4와 3을 비교하여 1, 3, 4로 배열한다.
다음 4와 5를 비교 1, 3, 4, 5로 배열
다음으로 5와 2를 비교하여 1, 3, 4, 2, 5로 배열.
여기서 5를 제외하고 다음 수들의 크기를 비교
처음 1과 3을 비교, 1, 3, 4, 2
다음으로 3과 4를 비교, 1, 3, 4, 2로 배열
다음으로 4와 2를 비교, 1 , 3, 2, 4 로 배열
여기서 마지막 4, 5를 제외하고 나머지 정렬한다. ■

이 정렬은 하나씩 거품처럼 떠오르는 것을 의미한다. 이 경우 최악의 비교횟수를 살펴보자. 처음으로 제일 큰 수를 떠 올릴 때 비교한 횟수는 $(n-1)$회, 두 번째로 큰 수를 떠 올릴 때 비교한 횟수는 $(n-2)$이다. 따라서 전체 비교횟수는 $\sum_{i=1}^{n-1}(n-i)=\sum_{i=1}^{n-1} i=\binom{n}{2}$ 이다.

## 8-2. 헝가리안 방법의 배당

3개의 건설회사 $X_1, X_2, X_3$에게 세 개의 공사 $Y_1, Y_2, Y_3$을 각각 하나씩 맡기기 위하여 입찰한 결과가 아래의 표와 같다고 하자. 이때 경비를 최소화하기 위한 배당 방법을 알아보자.

| | $Y_1$ | $Y_2$ | $Y_3$ |
|---|---|---|---|
| $X_1$ | 3 | 7 | 2 |
| $X_2$ | 3 | 6 | 3 |
| $X_3$ | 4 | 5 | 3 |

앞의 표에서 $X_1$에게 $Y_3$, $X_2$에게 $Y_2$, $X_3$에게 $Y_1$을 배당하면 하나의 방법이 되고 이때 전체 비용은 12가 된다. 원소 (1,3) (2,2) (3,1)과 이때의 비용 12가 이 배당의 한 해가 된다.

다음 정리는 자연스럽게 알 수 있으므로 증명은 생략한다.

**정리 8-1**

행렬 $A$의 한 행, 또는 한 열의 모든 성분에서 일정한 상수를 더하여 얻은 행렬을 $B$라 할 때, $A$와 $B$의 최적배당은 같은 위치의 원소들에 대응된다.

**헝가리안 방법(The Hungarian Method)**

step 1. 각행에서 최소 성분을 그 행의 모든 성분에서 뺀다.

step 2. 각 열에서 그 최소성분을 그 열의 모든 성분에서 뺀다.

step 3. 최소의 선으로 0을 모두 덮는다.

step 4. 영을 모두 덮는 선의 개수가 $n$ 이면, 행과 열을 달리하여 0을 하나씩 선택할 수 있고, 이때 선택된 자리가 원래 행렬의 최적배당을 결정하는 자리이다. 만약 0을 덮는 개수가 $n$보다 적다면 아래의 step 5 로 간다.

step 5. 선에 의해서 덮혀지지 않은 수들 중 최소의 수를 찾아서, 모두 덮히지 않은 행들에서 수를 뺀 다음, 이 수를 덮혀진 열에 더한다. 그 후 step 3으로 간다.

**예제8-2**

다음과 같은 배당행렬이 주어져 있을 때, 헝가리안 방법으로 해를 구하여라.

| | A | B | C | D |
|---|---|---|---|---|
| 1 | 90 | 75 | 75 | 80 |
| 2 | 35 | 85 | 55 | 65 |
| 3 | 125 | 95 | 90 | 105 |
| 4 | 45 | 110 | 95 | 115 |

## 풀이

1. 각 행에서 최소의 원소를 뺀다.

| | A | B | C | D |
|---|---|---|---|---|
| 1 | 15 | 0 | 0 | 5 |
| 2 | 0 | 50 | 20 | 30 |
| 3 | 35 | 5 | 0 | 15 |
| 4 | 0 | 65 | 50 | 70 |

2. 각 열에서 최소의 원소를 뺀다.

| | A | B | C | D |
|---|---|---|---|---|
| 1 | 15 | 0 | 0 | 0 |
| 2 | 0 | 50 | 20 | 25 |
| 3 | 35 | 5 | 0 | 10 |
| 4 | 0 | 65 | 50 | 65 |

3. 최소의 선분을 이용하여 0을 덮는다.

| | A | B | C | D |
|---|---|---|---|---|
| 1 | 15 | 0 | 0 | 0 |
| 2 | 0 | 50 | 20 | 25 |
| 3 | 35 | 5 | 0 | 10 |
| 4 | 0 | 65 | 50 | 65 |

4. 위에서 0을 덮는 선분의 수(3)가 4보다 작기 때문에 step 5로 간다.
5. 덮혀지지 않은 수들 중에서 최소의 수를 찾고, 덮혀지지 않은 행의 모든 원소에서 최소을 수를 뺀다. (덮혀지지 않은 행에 대해서만 뺄셈을 한다.)

| | A | B | C | D |
|---|---|---|---|---|
| 1 | 15 | 0 | 0 | 0 |
| 2 | -20 | 30 | 0 | 5 |
| 3 | 35 | 5 | 0 | 10 |
| 4 | -20 | 45 | 30 | 45 |

그리고 덮혀진 열에 최소의 원소를 더한다.

| | A | B | C | D |
|---|---|---|---|---|
| 1 | 35 | 0 | 0 | 0 |
| 2 | 0 | 30 | 0 | 5 |
| 3 | 55 | 5 | 0 | 10 |
| 4 | 0 | 45 | 30 | 45 |

step 3으로 가서 최소의 선분으로 0 을 덮어 본다.

| | A | B | C | D |
|---|---|---|---|---|
| 1 | 35 | 0 | 0 | 0 |
| 2 | 0 | 30 | 0 | 5 |
| 3 | 55 | 5 | 0 | 10 |
| 4 | 0 | 45 | 30 | 45 |

0을 덮는 최소의 수가 4보다 작다면 다시 step 5로 간다.

5. 덮혀지지 않은 수들 중에서 최소의 수를 찾고, 덮혀지지 않은 행의 모든 원소에서 최소을 수를 뺀다. (덮혀지지 않은 행에 대해서만 뺄셈을 한다.)

| | A | B | C | D |
|---|---|---|---|---|
| 1 | 35 | 0 | 0 | 0 |
| 2 | -5 | 25 | -5 | 0 |
| 3 | 50 | 0 | -5 | 5 |
| 4 | -5 | 40 | 25 | 40 |

덮혀진 열에 같은 값을 모두 더한다.

| | A | B | C | D |
|---|---|---|---|---|
| 1 | 40 | 0 | 5 | 0 |
| 2 | 0 | 25 | 0 | 0 |
| 3 | 55 | 0 | 0 | 5 |
| 4 | 0 | 40 | 30 | 40 |

다시 step 3 으로 간다.

| | A | B | C | D |
|---|---|---|---|---|
| 1 | 40 | 0 | 5 | 0 |
| 2 | 0 | 25 | 0 | 0 |
| 3 | 55 | 0 | 0 | 5 |
| 4 | 0 | 40 | 30 | 40 |

0을 덮는 최소의 선분의 수가 4가 되므로, 최적배당을 결정할 수 있다. 행과 열이 다르도록 0을 선택하고, 그 위치가 최적배당의 위치이다.
그러므로 처음 배당에서 1에 80, 2에 55 3에 95 4에 45를 배당하여 전체 275가 최적배당이다. 그런데 1에 B, 2에 D, 3에 C, 4에 A를 맞기는 배당도 최적배당이 되며, 배당의 값은 275가 된다.

## 8-3. 점화식

아래와 같이, 앞선 항들과 $n$을 이용하여 다음 항을 정의하는 것을 점화식(recurrence relation)이라 한다.

$$a_{n+1} = F(a_1, a_2, \cdots, a_{n-1}, n)$$

만약 $a_n = f(n)$ 이 위의 식을 만족한다면, $a_n = f(n)$을 위 점화식의 해라고 한다. 예를 들어, 점화식이 $a_{n+1} = a_n + d$ (등차수열)인 경우, $a_n = nd$ 는 하나의 해이다. 마찬가지로 $a_{n+1} = ra_n$ (등비수열)인 경우, $a_n = cr^n$이 하나의 해이다.

앞의 예에서, 점화식에 대하여 하나의 해가 주어지더라도 일반적인 항들을 결정할 수 없다. $a_1$이 어떻게 시작될지 모르기 때문이다. 만약 $a_1$이 주어진다면, 수열의 값들을 모두 결정할 수 있다. 어떤 점화식 경우에는 몇 개의 항들이 주어져야 한다. 이와 같이 항들을 결정할 수 있는 항들을 초기값( initial condition)이라 한다.

점화식이 다음과 같이

$$a_n = c_1 a_{n-1} + c_2 a_{n-2} + \cdots + c_r a_{n-r} + f(n) \text{ (여기서 } c_1, c_2, \cdots, c_r \text{은 상수)}$$

주어졌을 때, 이와 같은 꼴을 $r$계 선형점화식( linear recurrence relation order $r$) 이라 한다. 여기서 $f(n)=0$ 인 경우 선형동차점화식(linear homogeneous recurrence relation) 이라 한다.

$$a_n = c_1 a_{n-1} + c_2 a_{n-2} + \cdots + c_r a_{n-r} \qquad (*)$$

위 점화식 (*)에 따른 다음의 방정식

$$x^r - c_1 x^{r-1} - c_2 x^{r-2} - \cdots - c_{r-1} x - c_r = 0$$

을 점화식(*)의 특성방정식(characteristic equation)이라 하고, 이 특성방정식의 근을 점화식(*)의 특성근(characteristic root)이라 한다.

**보조정리 8-2**

자연수 $n$에 대하여 $a_n = \alpha^n$이 점화식 (*)의 해가 될 필요충분조건은 $\alpha(\alpha \neq 0)$가 (*)의 특성근일 것이다.

**증명** $a_n = \alpha^n$이 점화식

$a_n = c_1 a_{n-1} + c_2 a_{n-2} + \cdots + c_r a_{n-r}$의 해라고 하자. 즉

$\alpha^n = c_1 \alpha^{n-1} + c_2 \alpha^{n-2} + \cdots + c_r \alpha^{n-r}$을 만족한다고 한다. $\alpha \neq 0$이기 때문에 양변을 $\alpha^{n-r}$로 나누어 주면

$\alpha^r = c_1 \alpha^{r-1} + \cdots + c_{r-1}\alpha + c_r$

이 되고 이것은 $\alpha$가 특성방정식의 해라는 것을 말해준다. 역으로 $\alpha(\neq 0)$가 특성방정식의 해라고 하자. 위의 역순으로 $a_n = \alpha^n$이 점화식의 해라는 것을 어렵지 않게 알 수 있다.

**보조정리 8-3**

자연수 $n$에 대하여 $\varphi_1(n), \varphi_2(n), \cdots, \varphi_p(n)$ 이 모두 점화식 (*)의 해가 된다면 이들의 일차결합 $\alpha_1\varphi_1(n) + \alpha_2\varphi_2(n) + \alpha_p\varphi_p(n)$ 도 (*)의 해가 된다.

**증명** $\varphi_1(n), \varphi_2(n), \cdots, \varphi_p(n)$ 이 모두 점화식 (*)의 해이므로

$$\varphi_1(n) = c_1\varphi_1(n-1) + \cdots + c_r\varphi_1(n-r)$$
$$\varphi_2(n) = c_1\varphi_2(n-1) + \cdots + c_r\varphi_2(n-r)$$
$$\vdots$$
$$\phi_p(n) = c_1\varphi_p(n-1) + \cdots + c_r\varphi_p(n-r)$$

가 성립한다. 그러므로 각 행의 양변에 $\alpha_i$를 곱해도 성립하고, 모든 식을 변변 더하면 위의 보조정리가 성립한다. ■

## 정 리 8-4

$r$계 선형동차점화식 가 서로 다른 특성근 $\lambda_1, \lambda_2, \cdots, \lambda_r$ 개를 가진다면, 임의의 초기 조건 $a_0 = c_0,\ a_1 = c_1,\ \cdots, a_{r-1} = c_{r-1}$ 에 대하여 에 대하여, 수열의 일반항은

$$a_n = \alpha_1\lambda_1^n + \alpha_2\lambda_2^n + \cdots + \alpha_r\lambda_r^n$$

이다.

**증명** 앞의 보조정리로부터 점화식의 해가

$a_n = b_1\lambda_1^n + b_2\lambda_2^n + \cdots + b_r\lambda_r^n$ (여기서 $b_i(i = 1, \cdots, r)$는 상수)

가 된다는 것을 알 수 있다. 이제 초기 조건을 만족하는 $b_i$를 결정하기 위하여

$$c_0 = b_1 + b_{2+} \cdots + b_r$$
$$c_1 = b_1\lambda_1 + b_2\lambda_{2+} \cdots + b_r\lambda_r$$
$$\vdots$$
$$c_{r-1} = b_1\lambda_1^{r-1} + b_2\lambda_2^{r-1} + \cdots + b_r\lambda_r^{r-1}$$

얻고, 이는

$$\begin{bmatrix} c_0 \\ c_1 \\ \vdots \\ c_{r-1} \end{bmatrix} = \begin{bmatrix} 1 & 1 & \cdots & 1 \\ \lambda_1 & \lambda_2 & \cdots & \lambda_r \\ \vdots & \vdots & \ddots & \vdots \\ \lambda_1^{r-1} & \lambda_2^{r-1} & \cdots & \lambda_r^{r-1} \end{bmatrix} \begin{bmatrix} b_1 \\ b_2 \\ \vdots \\ b_r \end{bmatrix}$$

이된다. 여기서 $\lambda_i$가 모두 서로 다르다면 행렬이 가역행렬이 되고 임의의 $c_0, c_1, \cdots, c_{r-1}$에 대하여 $b_1, b_2, \cdots, b_r$ 을 결정할 수 있다. ■

### 예제8-3

$a_0 = a_1 = 1,\ a_n = 8a_{n-1} - 15a_{n-2}$

로 정의되는 수열의 일반항을 구하여라.

**풀이** 특성방정식으로부터 $x^2-8x+15=(x-3)(x-5)$를 얻고, $a_n=c_1 3^n+c_2 5^n$임을 알 수 있다.
초기치로부터 $1=c_1+c_2$ 와 $1=3c_1+5c_2$를 얻을 수 있다. 이로부터 $c_1=2,\ c_2=-1$임을 알 수 있고, $a_n=2\cdot 3^n-5^n$을 얻는다. ■

### 예제8-4

피보나치 수열

$f_0=1,\ f_1=1,\ f_n=f_{n-1}+f_{n-2}$

의 일반항을 구하여라.

**풀이** 특성근이 $\dfrac{1\pm\sqrt{5}}{2}$ 이 되므로

$$f_n=c_1\left(\frac{1-\sqrt{5}}{2}\right)^n+c_2\left(\frac{1+\sqrt{5}}{2}\right)^n$$

가 된다는 것을 알 수 있다. 초기치로부터

$c_1+c_2=1,\quad 1=c_1\left(\dfrac{1-\sqrt{5}}{2}\right)+c_2\left(\dfrac{1+\sqrt{5}}{2}\right)$ 을 얻는다.

여기서 $c_1=-\dfrac{1-\sqrt{5}}{2\sqrt{5}},\ c_2=\dfrac{1+\sqrt{5}}{2\sqrt{5}}$ 를 얻는다.

그러므로

$$f_n=-\frac{1}{\sqrt{5}}\left(\frac{1-\sqrt{5}}{2}\right)^{n+1}+\frac{1}{\sqrt{5}}\left(\frac{1+\sqrt{5}}{2}\right)^{n+1}$$

이다. 만약 $r=\dfrac{1+\sqrt{5}}{2}$ 로 둔다면, $-\dfrac{1}{r}=\dfrac{1-\sqrt{5}}{2}$ 가 된다. 따라서

$f_n=\dfrac{1}{\sqrt{5}}\left(r^{n+1}-\left(-\dfrac{1}{r}\right)^{n+1}\right)$ 로 나타낼 수 있다. ■

앞에서 살펴보았던 점화식은 서로 다른 특성 근을 가지기 때문에, 임의의 초기값에 대하여 일반항을 구할 수 있었다. 이제 특성다항식이 중근을 가질 때 점화식의 일반항에 대하여 살펴보자.

먼저, $n$차 다항식 $f(x)=0$가 $x_0$를 $k$ 중근으로 가진다면 $\dfrac{df(x)}{dx}=0$는 $x_0$를 $k-1$ 중근 가진다는 것이 잘 알려져 있다.

**정 리 8-5**

점화식 $a_n = c_1 a_{n-1} + c_2 a_{n-2} + \cdots + c_k a_{n-k}$ 의 특성방정식

$$x^k - c_1 x^{k-1} - c_2 x^{k-2} - \cdots - c_{k-1}x - c_k = 0$$

가 $\lambda(\neq 0)$를 $p$중근 가진다고 하자. 그렇다면

$\lambda^n, n\lambda^n, n^2\lambda^n, \cdots, n^{p-1}\lambda^n$ 모두 점화식의 근이 된다.

**증명** 특성방정식은 양변에 $x^{n-k}$를 곱하여

$x^n = c_1 x^{n-1} + c_2 x^{n-2} + \cdots + c_k x^{n-k}$

를 만족한다. 양변에 $x$에 관하여 미분을 하면

$nx^{n-1} = c_1 x^{n-2} + \cdots + c_k(n-k)x^{n-k-1}$

을 얻고, $\lambda$가 $p$ 중근을 가지므로 위의 식에도 $\lambda$가 근이 된다. 따라서 $\lambda$를 대입하여

$n\lambda^{n-1} = c_1(n-1)\lambda^{n-2} + \cdots + c_k(n-k)\lambda^{n-k-1}$

을 만족한다. 위의 식 양변에 $\lambda$를 곱하면

$n\lambda^n = c_1(n-1)\lambda^{n-1} + \cdots + c_k(n-k)\lambda^{n-k}$

를 만족한다. 이는 $n\lambda^n$이 점화식의 근이 된다는 것을 의미한다.

한번 미분한식 $nx^{n-1} = c_1 x^{n-2} + \cdots + c_k(n-k)x^{n-k-1}$ 도 $\lambda$를 근으로 가지므로, 양변에 $x$를 곱한식 $nx^n = c_1 x^{n-1} + \cdots + c_k(n-k)x^{n-k}$ 도 $\lambda$를 근으로 가진다.

따라서 한번 미분하여 $x$를 곱한식도 $\lambda$를 근으로 가진다,

$n^2 x^n = c_1(n-1)^2 x - 1 + \cdots + c_k(n-k)^2 x^{n-k}$

그러므로

$n^2\lambda^n = c_1(n-1)^2\lambda - 1 + \cdots + c_k(n-k)^2\lambda^{n-k}$

를 얻을 수 있고, 비슷하게 나머지를 얻을 수 있다. ■

**정 리 8-6**

서로 다른 수 $\lambda_1, \lambda_2, \lambda_3, \cdots, \lambda_q$ 에 대하여 점화식(*)의 특성방정식이 $(x-\lambda_1)^{p_1}(x-\lambda_2)^{p_2}\cdots(x-\lambda_q)^{p_q} = 0$ 라고 한다면 점화식의 일반해는 다음과 같이 표현할 수 있다.

$$a_n = \sum_{k=0}^{p_1-1} c_{1k} n^k \lambda_1^n + \sum_{k=0}^{p_2-1} c_{2k} n^k \lambda_2^n + \cdots + \sum_{k=0}^{p_q-1} c_{qk} n^k \lambda_q^n$$

여기서 $c_{ij}$ 는 상수이다.

### 예제8-5

(1) $a_n = 5a_{n-1} - 8a_{n-2} + 4a_{n-4}$ 이고 $a_0 = 2,\ a_1 = 5,\ a_2 = 13$ 일 때, 일반항을 구하여라.

(2) 특성방정식이 $(x+1)^3(x-2) = 0$ 이고, 초기치가
$a_0 = 0, a_1 = -2, a_2 = -7, a_3 = 0$일 때 일반항을 구하여라.

**풀이** (1) 특성방정식 $x^3 - 5x^2 + 8x - 4 = (x-2)^2(x-1)$ 이므로
$a_n = \alpha 2^n + \beta n 2^n + \gamma 1^n$ 을 얻는다. 또 초기치로부터
$2 = \alpha + \gamma, 5 = 2\alpha + 2\beta + \gamma,\ 13 = 4\alpha + 8\beta + \gamma$를 얻는다. 이로부터 $\alpha = \beta = \gamma = 1$이고
$a_n = (n+1)2^n + 1$ 이다.

(2) 일반항이 $a_n = (c_1 + c_2 n + c_3 n^2)(-1)^n + c_4 2^n$ 이다,
초기치로부터
$c_1 + c_4 = 0,\ (c_1 + c_2 + c_3)(-1) + 2c_4 = -2,$
$(c_1 + 2c_2 + 4c_3)(-1)^2 + 4c_4 = -7,\ (c_1 + 3c_2 + 9c_3)(-1)^3 + c_4 8 = 0$
이 조건으로부터 $c_1 = 1, c_2 = 0,\ c_3 = -1,\ c_4 = -1$을 얻고,
$a_n = (1-n^2)(-1)^n - 2^n$을 얻는다. ■

이제 일반선형점화식을 살펴보자. 선형점화식에서 다음과 같이 $f(n)$이 0 이 아닌 경우는 어떻게 풀이할 수 있는가?

$$a_n = c_1 a_{n-1} + c_2 a_{n-2} + \cdots + c_r a_{n-r} + f(n) \quad (**)$$

위 점화식에서 $f(n)$을 제거한 점화식

$$a_n = c_1 a_{n-1} + c_2 a_{n-2} + \cdots + c_r a_{n-r}$$

을 (**)의 부속동차점화식 이라 한다.

### 정 리 8-7

(**)의 한 특수해를 $p(n)$ 이라 하고, 부속동차점화식의 일반해를 $g(n)$이라 한다면,
(**)의 일반해는

$$F(n) = g(n) + p(n)$$

이다.

**증명** 문제의 조건으로부터

$p(n) = c_1 p(n-1) + c_2 p(n-2) + \cdots + c_r p(n-r) + f(n)$

$g(n) = c_1 g(n-1) + c_2 g(n-2) + \cdots + c_r g(n-r)$

을 만족한다. 그러므로 양변을 더하면

$p(n) + g(n) = c_1(p(n-1) + g(n-1)) + \cdots + c_r(p(n-r) + g(n-r)) + f(n)$

이 된다. ■

특수해를 구하는 것이 쉽지 않다. 특수해를 구하는 방법으로 다음의 규칙을 이용한다.

1) 점화식의 상수항 $f(n)$과 같은 종류의 함수를 특수해로 도전하기.

2) 부속동차점화식의 일반해라면, 중근을 가지는 형태로 도전하기.

3) $f(n)$에서 사용되어진 연산형태를 특수해에 사용하기.

## 예제8-6

다음 주어진 점화식의 일반항을 찾아라.

1) $a_0 = -7,\ a_1 = -8,\ a_n = 5a_{n-1} - 6a_{n-2} - 4n$

2) $a_0 = 10,\ a_1 = 31,\ a_n = 4a_{n-1} - 4a_{n-2} + 3^n$

**풀이** 1) 부속동차점화식의 일반해는 $g(n) = \alpha 2^n + \beta 3^n$임을 알 수 있다.
그리고 특수해를 찾을 때, $f(n) = -4n$이므로 $p(n)$은 $n$에 관한 1차식으로 둔다. 즉, $p(n) = \beta n + \gamma$. 이제 $\beta$와 $\gamma$를 결정하여 보자.

$(\beta n + \gamma) = 5(\beta(n-1) + \gamma) - 6(\beta(n-2) + \gamma) - 4n$

로부터

$\beta = 5\beta - 6\beta - 4$ 이므로 $\beta = -2$를 얻는다. 그리고

$\gamma = -5\beta + 5\gamma + 12\beta - 6\gamma$ 이므로 $\gamma = -7$을 얻는다.

따라서 특수해는 $p(n) = -2n-7$.

그러므로 점화식의 해는

$a_n = \alpha 2^n + \beta 3^n - 2n - 7$로 두고 초기치를 찾는다.

$a_n = -2^n + 3^n - 2n - 7$

2) 부속동차점화식의 일반해는 $g(n) = (\alpha + \beta n)2^n$ 임을 알고 있다. 그리고 $f(n) = 3^n$이므로 특수해를 $p(n) = c3^n$으로 두고 시도한다.

$c3^n = 4c3^{n-1} - 4c3^{n-2} + 3^n$ 으로부터 $c = 9$를 얻는다. 따라서

$a_n = (\alpha + \beta n)2^n + 3^{n+2}$로 두고 초기치로부터 $\alpha$와 $\beta$를 결정하면

$a_n = (1+n)2^n + 3^{n+2}$를 얻는다. ■

### 예제8-7

다음 점화식의 일반항을 구하여라.

$a_0 = 1,\ a_1 = 5,\ a_n = 4a_{n-1} - 4a_{n-2} + 2^n$

**풀이** 위의 식에서 부속동차점화식의 일반항은 $g(n) = (\alpha + \beta n)2^n$이 된다는 것을 알고 있다. 그런데 특수해 $p(n)$도 $2^n$형태를 가지는데, 부속동차점화식에서 이미 사용하고 있다. 따라서 중근형태를 감안하면 $p(n) = cn^2 2^n$으로 두고 $c$를 결정하여보자.

$cn^2 2^n = 4c(n-1)^2 2^{n-1} - 4c(n-2)^2 2^{n-2} + 2^n$으로부터 $c = \dfrac{1}{2}$를 얻는다.

따라서 $a_n = (\alpha + \beta n)2^n + n^2 2^{n-1}$로 두고 초기치를 이용하여 상수를 결정하면

$a_n = (1+n)2^n + n^2 2^{n-1}$을 얻는다. ■

# 연습문제

1 다음 알고리즘에서 출력되는 값은 얼마인가?

$n=10$으로 둔다.

단계1. $k=0$, $r=1$로 둔다.

단계2. $k+1$을 $k$로 하고 단계 3으로 간다.

단계3. $k=n$이면 $r$을 출력하고 멈춘다. $k<n$이면 단계 4로 간다.

단계3. $r+(2k-1)$ 을 새로운 $r$로 두고, 단계 2 로 간다.

2 삽입정렬알고리즘으로 6, 4, 3, 1, 2, 5가 정렬되는 모습을 서술하여라. 각 단계에서 나타나는 순서를 적고 이유를 설명하여라.

3 숫자의 집합 {6, 4, 1, 8, 7, 4, 3, 2}를 병합정렬 알고리즘으로 나열하여 보아라. 각 단계에서 나타나는 순서를 적고 이유를 설명하여라.

4 숫자의 집합 {6, 4, 1, 8, 7, 4, 3, 2}를 버블알고리즘으로 나열하고, 각 단계에서 나타나는 순서를 적고 이유를 설명하여라.

5 회사들 1, 2, 3에게 A, B, C, D의 4가지 중 하나씩 맡길려고 한다. 다음은 각 회사들이 사업에 따른 비용을 제시한 것이다. 총 합계가 최소가 되도록 일을 하나씩 배분하고자 한다. 어떤 사업을 어떻게 배분하면 될지 헝가리안 방법으로 결정하여 보아라.

| | A | B | C | D |
|---|---|---|---|---|
| 1 | 45 | 55 | 60 | 75 |
| 2 | 50 | 45 | 55 | 70 |
| 3 | 50 | 50 | 65 | 65 |

6 다음 수열들의 일반항을 찾아라.

(1) 1, 1, 4, 7, 19, 47, ⋯

(2) 2, 0, − 4, − 4, 4, 12, − 4, ⋯

(3) − 1, 0, 1, 0, 1, 2, 3, 6,⋯

7 점화식이 다음과 같을 때, 일반항을 구하여라.

(1) $a_0 = 1, a_1 = 1, \quad a_n = a_{n-1} + 6a_{n-2}, (n \geq 2)$

(2) $a_0 = 2, a_1 = 1, a_2 = -5, a_n = 6a_{n-1} - 11a_{n-2} + 6a_{n-3}, (n \geq 3)$

8 점화식이 $a_0 = 1, a_1 = 1$이고 $a_n = 2a_{n-1} - 2a_{n-2}$ 일 때, 이 점화식의 일반항을 구하여라.

9 점화식이 다음과 같을 때, 일반항을 구하여라.

(1) 특성방정식이 $(x-1)(x-2)^3$이고, $a_0 = 2, a_1 = 5, a_2 = 21, a_3 = 91$

(2) $a_0 = 3, a_1 = 6, a_2 = 14, a_n = 5a_{n-1} - 8a_{n-2} + 4a_{n-3}$

10 다음과 같이 점화식이 주어져 있을 때 일반항을 구하여라.

(1) $a_0 = 0, a_1 = 2, a_n = a_{n-1} + 6a_{n-2} + n^2$

(2) $a_0 = 4, a_1 = 4, a_n = a_{n-1} + 2a_{n-2} + 3^n + n$

(3) $a_0 = 1, a_1 = 6, a_n = 4a_{n-1} - 4a_{n-2} + 2^n$

11 $n$개의 직선으로 최대한 나누는 평면의 수를 $a_n$이라 할 때, $a_n$의 일반항을 구하여라.

# 9. 게임이론

여러 사람이 또는 단체가 모여서 의사결정을 하는 상황을 게임 상황이라고 부른다. 여기서 의사결정을 하는 개인 또는 단체를 게임의 경기자(player)라고 한다. 게임 상황에서 각 경기자는 자신의 의사결정이 당사자의 효용뿐 아니라 다른 상대의 효용에 영향을 미치며, 동시에 다른 주체의 의사결정도 자신의 효용에 영향을 미친다는 것을 잘 알고 있다. 게임 상황에서 각 경기자는 자신에게 가장 유리한 의사결정을 하고자 하 며, 이 때 다른 경기자들의 의사결정이 자신의 효용에 미치는 영향까지를 생각한 전략적 고려를 하여야 한다.

경기자가 선택할 수 있는 방법들을 **전략**(strategy)집합이라 한다. 각각의 전략에 따른 결과를 **보수**(payoff), **효용**(utility) **또는 성과**(outcome)로 부른다. 여기서는 '효용'이라는 말을 주로 사용하기로 한다. 전략형 게임은, 경기자(player), 각 경기자의 전략(strategy), 각 경기자의 전략에 따른 각자의 효용으로 구성된다.

## 9-1. minimax-maximin 전략

경기자가 2명이 게임을 2인 게임이라 한다. 그리고 각 경기자의 효용의 합이 0이 될 때, 영합게임(zero sum game)이라 한다. 영합게임에서는 상대방의 손해가 자신의 이득이 되고, 자신의 손해가 상대방의 이득이 된다.

2인영합게임의 보수를 하나의 행렬로 표현한다. 엘리스(A)와 밥(B)이 게임을 할 때, 행의 전략을 선택하는 기준으로 행렬의 값을 표기한다. 아래의 성과표에서 A의 전략 $A_1$, B의 전략 $B_2$의 선택에 따른 4의 성과는 B가 A에게 4만큼 준다는 뜻이며, 반대로 A의 전략 $A_2$, B의 전략 $B_2$에 따른 -5는 A가 B에게 5만큼 준다는 뜻이다.

| B의 전략 / A의 전략 | $B_1$ | $B_2$ | $B_3$ | $B_4$ |
|---|---|---|---|---|
| $A_1$ | 2 | 4 | -2 | -3 |
| $A_2$ | 0 | -5 | 1 | -1 |
| $A_3$ | -1 | 3 | -4 | 3 |

각자의 전략에 따른 성과행렬 (payoff matrix)

게임의 진행에서 안전한 진행을 가장 우선으로 한다고 하자. A의 선택은 최소한 얻을 수 있는 값을 가장 크게 잡는 것이고, B의 선택은 잃는 값을 최소로 하는 것이다. 즉, A는 각 행의 최솟값 중 최대가 되는 행을 선택하고, B는 열의 최댓값 중 최소가 되는 열을 선택할 것이다. $i$행의 최솟값을 $\alpha_i$라 하고 $j$열의 최댓값을 $\beta_j$로 하자. 즉,

$$\alpha_i = \min a_{ij}, \ \ \beta_j = \max a_{ij}$$

$$\alpha = \max \alpha_i = \max\min a_{ij}, \quad \beta = \min \beta_j = \min\max a_{ij}$$

위의 성과표에서 찾으면 아래와 같다.

| B의 전략 / A의 전략 | $B_1$ | $B_2$ | $B_3$ | $B_4$ | $\alpha_i$ |
|---|---|---|---|---|---|
| $A_1$ | 2 | 4 | -2 | -3 | -3 |
| $A_2$ | 0 | -5 | 1 | -1 | -5 |
| $A_3$ | -1 | 3 | -4 | 3 | -4 |
| $\beta_j$ | 2 | 4 | 1 | 3 | |

각 행과 열의 최댓값과 최솟값

위의 게임에서 A는 최솟값이 최대가 되는 첫 번째 행, 즉 전략 $A_1$을 선택할 것이고, B는 열의 최댓값 중 최소가 되는 $B_3$전략을 선택할 것이다. 이를 통해, A는 B의 선택에 관계없이 -3 이상을 얻고, B는 A의 선택에 관계없이 1 이하의 값을 지불하게 된다. 사실 이것은 A와 B누구도 만족할만한 결과가 아니다.

### 예제 9-1

성과행렬이 다음과 같다고 하자.

$$\begin{bmatrix} 4 & 1 & 1 & 7 \\ 3 & 4 & 2 & 2 \\ 2 & 8 & 0 & 5 \end{bmatrix}$$

최솟값이 최대가 되는 행은 2행이고, 최댓값이 최소가 되는 열은 3열이다.

또 이 경우에

$$\alpha = \max_i \min_j a_{ij} = 2 \text{ 이고 } \beta = \min_j \max_i a_{ij} = 2$$

이므로 $\alpha = \beta$ 이다. 이와 같은 게임을 **결정적 게임**(strictly determined game)이라 하고 결정적게임이 아닌 게임을 **비결정적 게임**이라 한다.

행렬 $A$의 $(k,l)$성분이 $k$행에서 최솟값이고, $l$열 중에서 최댓값일 때, $(k,l)$성분을 게임의 **안장점**(saddle point) 라 한다.

**정 리 9-1**

행렬게임이 결정적 게임일 필요충분조건은 그 게임이 안장점을 가지는 것이다.

## 9-2. 혼합 전략

경기자 엘리스(A)와 밥(B)은 확률적으로 전략을 선택한다고 하자. 예를 들어, 홀짝게임을 계속하는데 홀과 짝을 확률적으로 제시한다면 여러 번 게임 후에는 확률과 비슷해 질 수 있다.

### 예제 9-3

게임의 성과행렬이 아래와 같고, 엘리스와  밥은 각 전략을 다음과 같은 확률로 사용한다고 하자. 게임의 값은 어떻게 구해지는가?

| 엘리스 \ 바비 | $B_1$($y$의 확률) | $B_2$($1-y$의 확률) |
|---|---|---|
| $A_1$($x$의 확률) | 3 | -2 |
| $A_2$($1-x$의 확률) | -4 | 3 |

각 영역이 일어날 확률은 아래의 표와 같다.

| 엘리스 \ 바비 | $B_1$($y$의 확률) | $B_2$($1-y$의 확률) |
|---|---|---|
| $A_1$($x$의 확률) | $xy$ | $x(1-y)$ |
| $A_2$($1-x$의 확률) | $(1-x)y$ | $(1-x)(1-y)$ |

그러므로 게임의 값은 아래와 같이 구해진다.

$$\begin{aligned} E(\mathrm{x},\mathrm{y}) &= 3xy-2x(1-y)-4(1-x)y+3(1-x)(1-y) \\ &= 12xy-5x-7y+3. \end{aligned}$$ ■

예제 9-3의 게임의 값을 행렬과 벡터로 표현하면 아래와 같다.

$$E(\mathrm{x},\mathrm{y})=\mathrm{x}^TA\mathrm{y}\text{, 여기서 } A=\begin{bmatrix} 3 & -2 \\ -4 & 3 \end{bmatrix},\ \mathrm{x}=\begin{bmatrix} x \\ 1-x \end{bmatrix}, \mathrm{y}=\begin{bmatrix} y \\ 1-y \end{bmatrix}.$$

여기서 엘리스가 전략

$$\mathrm{x}=\begin{bmatrix} x_0 \\ 1-x_0 \end{bmatrix}=\begin{bmatrix} 1/2 \\ 1/2 \end{bmatrix}$$

를 선택하면,

$$E(\mathrm{x}_0,\mathrm{y})=-y+1/2$$

이 되어 밥은 $y=1$을 선택하여 게임의 값이 -1/2 가 되어 $\beta$가 유리한 게임이 된다. 엘리스의 최선의 선택은 무엇일까? 만약 엘리스가 $\mathrm{x}_0=[7/12,5/12]^T$를 선택하게 되면

$$E(\mathrm{x}_0,\mathrm{y})=1/12$$

이 되어 밥의 선택에 관계없이 1/12의 값을 얻게 된다.

이와 같은 게임은 두 전략을 혼합한 것으로 볼 수 있으므로 **혼합전략**(mixed strategy)라 부른다. 앞의 게임에서 한행 또는 한 열을 선택하는 것을 **순수전략** (pure strategy)라 한다.

앞의 게임은 안장점이 존재하지 않으므로 결정적게임이 아니다. 그렇지만 혼합전략을 사용하게 되면 안장점을 찾을 수 있다.

다음 정리는 게임이론에서 대단히 중요한 정리로 증명 없이 소개만 한다. (증명과정이 궁금한 학생은 ENV이산수학 참조)

정리를 소개하기 위하여 다음과 같은 집합을 정의하자.

$$\Omega_n = \left\{ (x_1, x_2, \cdots, x_n) \in R^n \,\middle|\, x_i \ge 0,\ \sum_{i=1}^{n} x_i = 1 \right\}$$

**정 리 9-2(minimax theorem)**

$A$가 $m \times n$행렬이고, $\mathbf{x} \in \Omega_m$, $\mathbf{y} \in \Omega_n$ 일 때,

$$\max_{\mathbf{x}} \min_{\mathbf{y}} \mathbf{x}^T A \mathbf{y} = \min_{\mathbf{y}} \max_{\mathbf{x}} \mathbf{x}^T A \mathbf{y}\ .$$

이제 위의 정리를 게임에 적용하는 과정을 보자. 순수전략에서 선택한 $\alpha_i$를 혼합전략에서는 $\alpha_{\mathbf{x}}$로 대치하자. 그리고 $\alpha_i$가 각 열에서 최솟값, 즉 $\alpha_i = \min_j a_{ij}$였으나 여기서는 각 열의 정의가 $\mathbf{y}$로 대치되어야 한다. 그러므로

$$\alpha_{\mathbf{x}} = \min_{\mathbf{y}} E(\mathbf{x}, \mathbf{y})$$

가 된다. 따라서 엘리스의 선택은

$$\alpha = \max_{\mathbf{x}} \alpha_{\mathbf{x}} = \max_{\mathbf{x}} \min_{\mathbf{y}} E(\mathbf{x}, \mathbf{y})$$

가 된다. 유사하게 밥의 선택역시

$$\beta = \min_{\mathbf{y}} \beta_{\mathbf{y}} = \min_{\mathbf{y}} \max_{\mathbf{x}} E(\mathbf{x}, \mathbf{y})$$

가 된다.

## 예제 9-4

예제 9-3 게임의 최적전략과 게임의 값을 찾아보자.

게임에서

$$A=\begin{bmatrix} 3 & -2 \\ -4 & 3 \end{bmatrix}\ ,\ \mathbf{x}=\begin{bmatrix} x \\ 1-x \end{bmatrix}, \mathbf{y}=\begin{bmatrix} y \\ 1-y \end{bmatrix} \in \Omega_2$$

에 대해서

$$E(\mathbf{x},\mathbf{y})=\mathbf{x}^T A\mathbf{y}=12xy-5x-7y+3$$

이므로

$$\alpha_{\mathbf{x}}=\min_y E(\mathbf{x},\mathbf{y})=\min_y(12xy-5x-7y+3)$$

$$=\min_y[(12x-7)y-5x+3]$$

따라서

1) $12x-7<0$ 일 때, $y=1$이 최솟값을 유도하므로 이때의 최솟값은 $7x-4$

2) $12x-7\geq 0$ 인 경우, $y=0$가 최솟값을 유도하고 이때의 값은 $-5x+3$

이 두 식을 그래프로 나타내어 보면

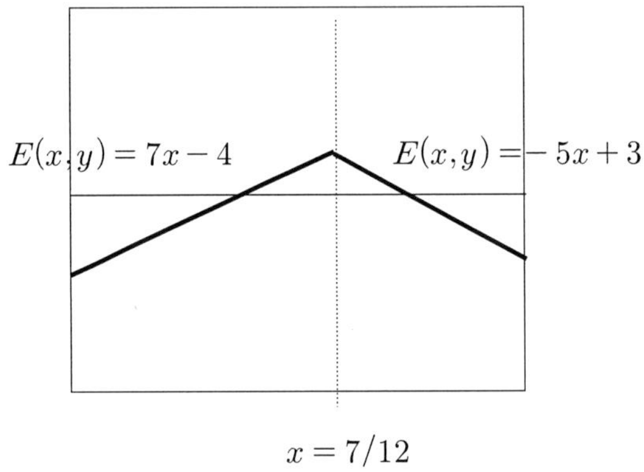


따라서 $x=7/12$일 때 최댓값이 된다. 즉 $\max_{\mathbf{x}} \alpha_x = 1/12$ .

이것으로 엘리스의 전략은 $[7/12,5/12]^T$ 가 최적전략이고 게임의 값은 1/12 이다.

이제 밥의 전략을 알아보자.

$$\beta_{\mathbf{y}} = \max_x E(\mathbf{x},\mathbf{y}) = \max_x (12xy - 5x - 7y + 3)$$
$$= \max_x [(12y-5)x - 7y + 3].$$

따라서 다음 두 가지의 경우로 나누어서 살펴보아야 한다.

1) $12y-5<0$ 인 경우, $x=0$으로 선택되어 최댓값은 $-7y+3$

2) $12y-5\geq 0$ 인 경우, $x=1$으로 선택되어 최댓값은 $5y-2$

이것을 그림으로 그려보면

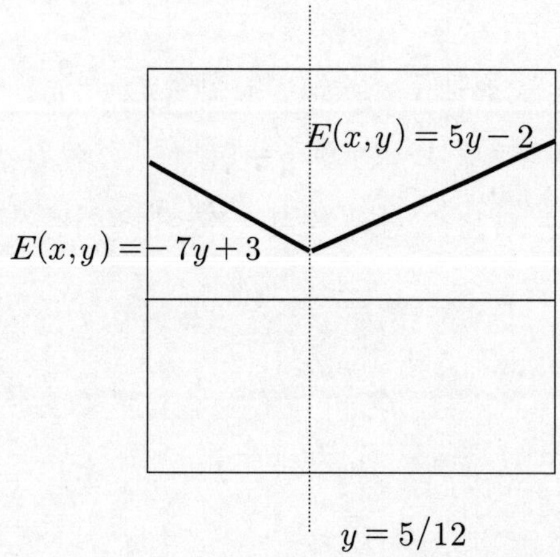


따라서 $\min_y \beta_{\mathbf{y}}$ 는 $y=5/12$ 일 때, 최솟값 1/12를 갖는다. 따라서 을의 최적 전략은 $\mathbf{y}=[5/12,7/12]^T$ 가 최적전략이 된다. ■

### 예제9-5

예제9-4는 다음과 같이 해결할 수도 있다. 엘리스의 기댓값은

$$E_{Alice}(\mathbf{x},\mathbf{y}) = 12xy - 5x - 7y + 3$$
$$= x(12y-5) - 7y + 3$$

가 되고, 엘리스는 $x$의 선택으로 큰 값을 구하고 싶다. 따라서 $y<5/12$ 이면 $x=0$, $y>5/12$ 이면 $x=1$, $y=5/12$ 일 때는 어떠한 값을 선택하여도 상관이

없다. 엘리스는 다음 그림과 같은 상황이 일어나기를 고대한다.

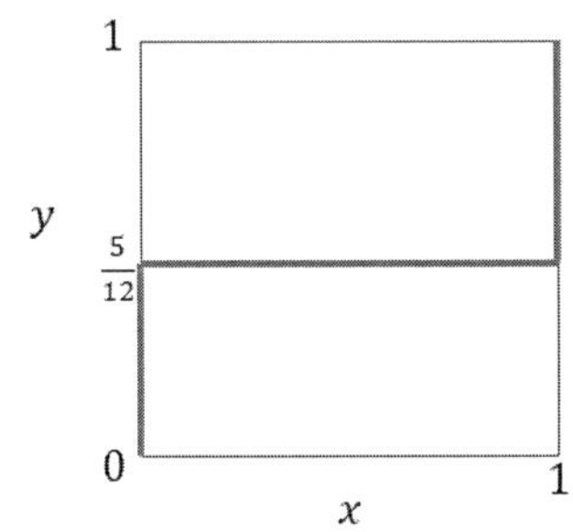

이제 밥의 게임값을 살펴보면

$$\begin{aligned} E_{Bobby}(\mathbf{x},\mathbf{y}) &= 12xy - 5x - 7y + 3 \\ &= y(12x-7) - 5x + 3 \end{aligned}$$

이다. 밥은 이 값이 작아지기를 원한다. 밥은 $y$의 선택으로 작은 값을 구하고 싶다. 따라서 $x < 7/12$이면 $y = 1$, $x > 7/12$ 이면 $y = 0$, $x = 7/12$일 때는 어떠한 값을 선택하여도 상관이 없다. 밥은 다음 그림과 같은 상황이 일어나기를 고대한다.

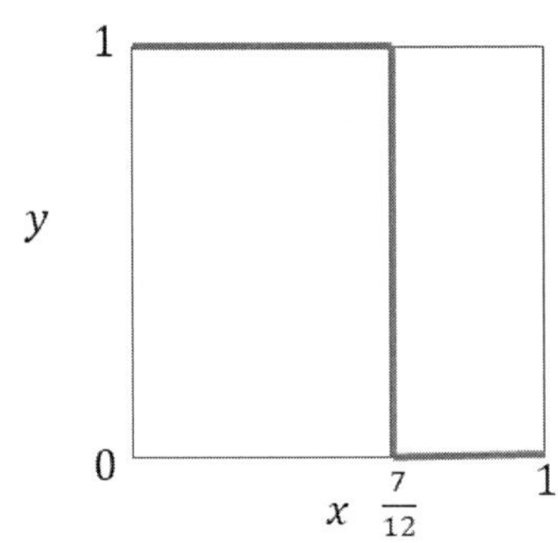

따라서 두 도표를 비교하여 엘리스와 밥이 동시에 원하는 곳을 찾을 수 있다.

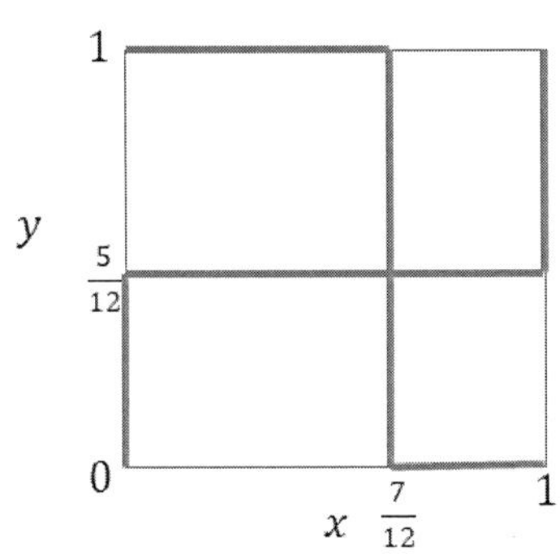

이 방법은 2인 게임에서 전략이 두 개 일 때 사용가능하다.

다음의 보조정리는 전략이 여러 개 일 때 최적전략을 구하기 용이하다.

**보조정리 9-3**

$m\times n$행렬 $A$의 행을 $\mathrm{b}_1^T, \mathrm{b}_2^T, \cdots, \mathrm{b}_m^T$ 열을 $\mathrm{a}_1^T, \mathrm{a}_2^T, \cdots, \mathrm{a}_n^T$ 이다. 그리고 최적전략을

$$\mathrm{x}_0=(s_1,s_2,\cdots,s_m)^T,\quad \mathrm{y}_0=(\mathrm{t}_1,\mathrm{t}_2,\cdots,\mathrm{t}_\mathrm{n})^\mathrm{T}$$

라 하고 게임의 값을 $w$라 하면 다음이 성립한다.

(1) $\mathrm{x}_0^T\mathrm{a}_j\ge w$ 이고 $t_j>0\Rightarrow \mathrm{x}_0^T\mathrm{a}_j=w,\ \mathrm{x}_0^T\mathrm{a}_j>w\Rightarrow t_j=0$

(2) $\mathrm{b}_i^T\mathrm{y}_0\le w$

$s_i>0\Rightarrow \mathrm{b}_i^T\mathrm{y}_0=w,\ \mathrm{b}_i^T\mathrm{y}_0<w\Rightarrow s_i=0$

(3) $w=\min\{\mathrm{x}_0^T\mathrm{a}_1,\cdots,\mathrm{x}_0^T\mathrm{a}_n\}=\max\{\mathrm{b}_1^T\mathrm{y}_0,\cdots,\mathrm{b}_m^T\mathrm{y}_0\}$

**예제9-6**

행렬

$$A=\begin{bmatrix}-4/3 & 2 & 0\\ 5/6 & 0 & 1\end{bmatrix}$$

에서 게임의 값과 엘리스와 밥의 최적 전략을 구하여라.

**풀이** 엘리스의 전략 $\mathrm{x}=(x,1-x)^T$ 에 대하여

$$\alpha_\mathrm{x}=\min_\mathrm{y}\mathrm{x}^TA\mathrm{y}=\min_\mathrm{y}\left[\frac{5}{6}-\frac{1}{2}x,2x,\frac{3}{2}-\frac{3}{2}x\right]\mathrm{y}$$

$$=\min_\mathrm{y}\left[\left(\frac{5}{6}-\frac{1}{2}x\right)y_1+2xy_2+\left(\frac{3}{2}-\frac{3}{2}x\right)y_3\right]$$

이다. 여기서 $\mathrm{y}=(y_1,y_2,y_3)^T$ 를 결정하는데 단 $y_1+y_2+y_3=1,\ \ y_i\ge 0(i=1,2,3)$ 이다. y를 결정하기 위하여 $\frac{5}{6}-\frac{1}{2}x, 2x$ 그리고 $\frac{3}{2}-\frac{3}{2}x$ 살펴보면 아래의 그래프와 같다.

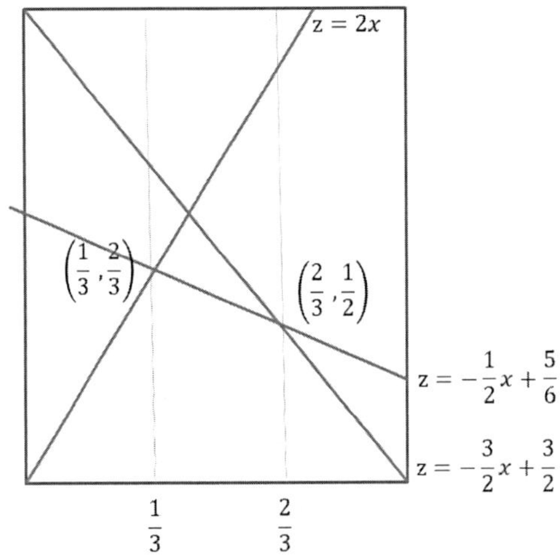


따라서

i ) $0 \leq x < \frac{1}{3}$ 에서 $\mathbf{y} = (0,1,0)$가 되고 이때, 최소값은 $2x$

ii) $\frac{1}{3} \leq x < \frac{2}{3}$ 에서는 같은 이유로 최소값이 $-\frac{1}{2}x + \frac{5}{6}$,

iii) $\frac{2}{3} \leq x \leq 1$ 에서 게임의 값은 $-\frac{3}{2}x + \frac{3}{2}$ 이다.

이중 최대값이 되는 $x$는 $\frac{1}{3}$에서 최대값이 된다. 따라서

$$\mathbf{x} = \left(\frac{1}{3}, \frac{2}{3}\right)^T$$

이다. 그리고

$$\mathbf{x}^T A = \left[\frac{1}{3}, \frac{2}{3}\right] \begin{bmatrix} -3/4 & 2 & 0 \\ 5/6 & 0 & 1 \end{bmatrix} = \left[\frac{11}{36} \ \frac{2}{3} \ \frac{2}{3}\right]$$

보조정리 9-3에 의해, 게임의 값은 $\frac{11}{36}$이고. $\mathbf{y} = (1,0,0)^T$가 된다.

앞의 정리들을 이용하면 다음은 어렵지 않게 나온다.

**정 리 9-2(minimax theorem)**

행렬 $A=\begin{bmatrix} a\ b \\ c\ d \end{bmatrix}$이 비결정적 게임일 때, 갑과 을의 최적전략과 게임의 값 $w$는

$$\mathbf{x}_0=\frac{1}{\Delta}\begin{bmatrix} d-c \\ a-b \end{bmatrix},\ \mathbf{y}_0=\frac{1}{\Delta}\begin{bmatrix} d-b \\ a-c \end{bmatrix},\ w=\frac{ad-bc}{\Delta}$$

여기서 $\Delta=a+d-b-c$ 이다.

## 9-3. 이인비영합게임

나라들끼리의 국제관계나 여러 회사관계에서는 2인비영합게임이 종종 나타난다. 즉, 2인 게임에서 두 사람의 각 전략은 항상 대립적인 것은 아니다. 대표적으로 다음과 같은 게임이 잘 알려져 있다.

### 예제9-7

엘리스와 밥은 서로 공모하여 은행에서 돈을 훔쳤다. 둘을 곧 바로 경찰에 잡혔지만, 경찰은 심증만 있을 뿐 물증이 하나도 없다. 그렇지만 엘리스와 밥의 조건상 경찰은 은행털이범이 아니더라도 1년 정도를 구금할 수 있었다. 두 사람은 서로 다른 방에 구금되어 다음과 같은 조건을 알게 되었다.

| 엘리스 \ 밥 | 부인 | 자백 |
|---|---|---|
| 부인 | (1, 1) | (10, 0) |
| 자백 | (0, 10) | (5,5) |

즉, 엘리스가 부인하고 밥이 자백을 한다면, 엘리스는 10년형을 살고 밥은 무죄방면 된다는 것이다. 반대로도 성립하며, 모두 자백을 할 경우 모두 5년형으로 하며, 모두 부인을 하게 되면 1년씩 살게 된다. 엘리스가 최대최소전략을 사용한다고 하자, 위 성과행렬의 수들은 크면 클수록 불리하므로 모두 음수로 볼 수 있다. 엘리스가 부인전략을 선택함에 따른 최솟값은 −10이고 자백 전략을 선택

함에 따른 최솟값은 −5이다. 둘 중 최대 전략을 선택하여 자백을 선택한다. 만약 엘리스가 최소최대전략을 선택한다면, 부인전략에 따른 최댓값은 -1이고 자백에 따른 최댓값은 0이다. 따라서 자백을 선택한다. 이것은 밥의 경우에도 마찬가지로 적용된다. 따라서 모두 자백이라는 상황이 된다.

# 연습문제

1 (치킨게임) 엘리스와 밥은 자동차를 서로 마주보고 달린다. 먼저 핸들을 돌리는 사람이 겁쟁이로 취급당한다. 성과행렬은 다음과 같다고 하자. 두 사람의 최적의 전략에 대하여 설명하여 보아라.

| 엘리스 \ 밥 | chicken | mull |
|---|---|---|
| chicken | (2, 2) | (0, 5) |
| mull | (5, 0) | (0,0) |

2 이인영합게임에서 성과행렬이 다음과 같을 때 안장점이 있는지 판단하고 있다면 찾아라.

(1) $\begin{bmatrix} 2 & 0 & 0 \\ -2 & 1 & -1 \\ 0 & -2 & -1 \end{bmatrix}$

(2) $\begin{bmatrix} 1 & -3 & 2 & 0 \\ 2 & 2 & 1 & 1 \\ 0 & 1 & -1 & -2 \end{bmatrix}$

(3) $\begin{bmatrix} 3 & 4 & 5 & 6 \\ 7 & 8 & 9 & 1 \\ 2 & 3 & 4 & 5 \\ 6 & 7 & 8 & 9 \end{bmatrix}$

3 이인영합게임의 성과행렬의 모든 원소에 같은 수를 더해주어도 안장점의 존재는 바뀌지 않음을 보여라.

4 2인영합게임의 성과행렬 $A=[a_{ij}]$가 있다. $1 \le i < p \le m$과 $1 \le j < q \le n$에 대하여, $a_{ij}$와 $a_{pq}$가 안장점이면, $a_{rs}$(여기서 $i \le r \le p, j \le s \le q$)는 모두 같은 값을 가짐을 보여라.

5 이인영합게임의 성과행렬이 다음과 같을 때 엘리스와 밥의 최적 순수전략과 게임의 값을 예제 9-4와 같이 구하여라.

(1) $\begin{bmatrix} 1 & 3 \\ 4 & 2 \end{bmatrix}$

(2) $\begin{bmatrix} 1 & 0 \\ 0 & 1 \end{bmatrix}$

(3) $\begin{bmatrix} -1 & -2 \\ -1 & 1 \end{bmatrix}$

6 위 문제 4의 보기들을 예제 9-5와 같이 위의 행렬에 대하여 풀이하여 보아라.

7 성과행렬이 다음과 같을 때 최적전략과 게임의 값을 구하여라.

(1) $\begin{bmatrix} 1 & 0 & -1 \\ -1 & 2 & 1 \end{bmatrix}$ (2) $\begin{bmatrix} 0 & 2 \\ 1 & -1 \\ 1 & 0 \end{bmatrix}$

8 엘리스와 밥은 같은 장소에서 같은 물건을 판매한다. 두 가게의 광고에 따른 다음과 같아진다고 한다.

> ▷ 엘리스와 밥 모두 광고 : 엘리스는 5억이 증가, 밥은 2억 감소
> ▷ 밥만 광고 : 엘리스는 3억 감소, 밥은 3억 증가
> ▷ 엘리스만 광고 : 엘리스는 10억 증가, 밥은 10억 감소
> ▷ 모드 광고 안함 : 매출액 불변

(1) 엘리스와 밥의 최적 전략과 게임의 값을 구하여라.

(2) 밥이 광고할 확률이 0.5 라면 엘리스의 최적전략은 변하겠는가?

9 성과행렬이 다음과 같은 이인영합게임이라고 하자.

$$\begin{bmatrix} a & b \\ c & d \end{bmatrix}$$

게임이 안장점을 가지기 위한 필요충분조건은 두 직선 $ax+by=1$, $cx+dy=1$ 이 제 1 사분면에서 만나지 않을 것임을 증명하여라.

10 가위, 바위, 보 게임에서 이기면 1, 지면 −1, 비기면 0인 게임이다. 이 게임의 혼합전략 균형점을 찾아보아라.

11 엘리스와 밥의 성과행렬이 아래와 같다고 하자.

$$\begin{bmatrix} 2 & 0 & -1 \\ -1 & 2 & 1 \\ 1 & 3 & 1 \end{bmatrix}$$

(1) 엘리스가 선택하지 않을 전략이 존재하는가?

(2) 바비가 선택하지 않을 전략이 존재하는가?

(3) 최적전략과 게임의 값을 구하여라.

# 10. 그래프(Graph)

## 10-1 그래프의 기본개념

그래프이론은 오일러가 쾨닉스베르그(Königsberg, 현 Kaliningrad) 다리의 문제를 발생하는 과정에서 생겨난 학문이다. 흥미위주의 문제 풀이에서 그래프가 응용되었지만, 컴퓨터 산업이 발전하면서 그래프이론의 응용은 어떠한 수학분야보다 다양하고, 깊게 응용되어지고 있다. 어떻게 보면 그래프이론의 발전의 원동력은 수학적인 호기심보다 실제적인 응용의 요구에 의해서 이루어졌다고 볼 수도 있다.

그래프는 정점의 집합 $V$와 정점과 정점을 잇는 선분 $E$로 이루어진 도형으로 이루어져 있다. 형식적으로

$$G=(V,E)$$

으로 표기한다. $E$는 $V\times V$의 부분집합으로 같은 원소를 허용하는 다중집합으로 볼 수 있다. $V$의 원소를 정점(vertex), $E$의 원소를 변(edge)라고 한다. 그리고 편의상, $x,y\in V$에 대해서 $e=(x,y)E_r$이면, $e$는 $x,y$에 **'물려있다(incident)'**라고 하며, $x$와 $y$는 **'인접하다(adjacent)'**라고 한다. 두 변이 같은 정점을 물고 있으면 두 변은 '인접하다'라고 한다. 두 정점 $x,y$가 인접할 때, $(x,y)\in E$라고 한다. 그리고 정점으로 행과 열을 지정하고, 정점끼리 잇는 변의 수를 원소로 가지는 행렬로 표현하기도 한다. 이 행렬을 인접행렬(adjacent matrix)라 한다.

※참고 : 정점을 '꼭짓점' 또는 '노드(node)'로, 그리고 변을 '모서리'로 표기하기도 한다.

## 예제10-1

$V=\{v_1,v_2,v_3,v_4\}$, $E=\{(v_1,v_2),(v_1,v_3),(v_1,v_4),\ 2\times(v_2,v_3),(v_2,v_4),(v_4,v_4)\}$일 때, $G=(V,E)$는 다음과 같다.

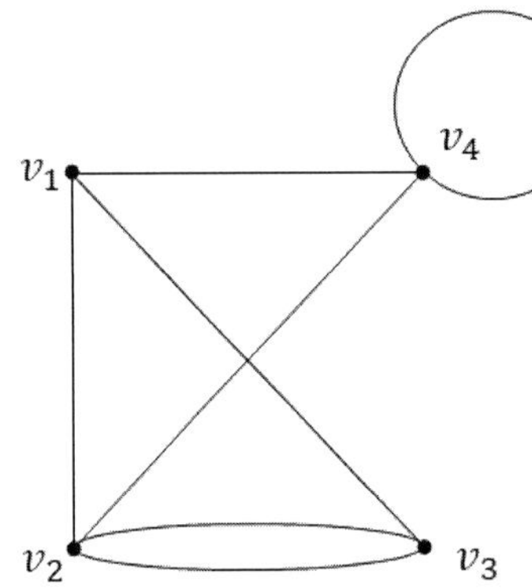


그리고 이를 인접행렬로 표현하면

$$A_G=\begin{bmatrix}0&1&1&1\\1&0&2&1\\1&2&0&0\\1&1&0&1\end{bmatrix}$$

와 같이 나타난다. ■

그래프 $G=(V,E)$에서 $V$의 원소의 개수, 즉 $G$의 정점의 개수를 **$G$의 위수(order)** 라고 한다. 그리고 하나의 정점에서 그 꼭짓점에 물려있는 변의 수를 그 꼭짓점의 '**차수(degree)**'라고 한다. 다중변과 고리가 없는 그래프를 단순그래프(simple graph)라 한다. 정점의 차수가 높은 순서대로 모두 나열한 것을 차수열(degree sequence)이라 한다. 위 그래프의 차수열은 (4,4,3,3)이다.

예제 10-1의 그래프에서 그래프 $G$의 위수(order)는 4이고 각 정점의 차수는 다음과 같다.

$$\deg(v_1)=3,\ \deg(v_2)=4,\ \deg(v_3)=3,\ \deg(v_4)=4$$

위 예제 10-1 의 변 $(v_4,v_4)$와 같이 시작점과 끝점이 같은 변을 **고리**(loop) 라고 하며, 그리고 변 $(v_2,v_3)$와 같이 양끝점이 같은 변이 2개 이상 있을 때, 그래프 $G$는 **다중변**(miltiple edge)를 가진다고 한다. 그래프가 고리와 다중변을 가지지 않을 때 **단순그래프**(simple graph) 라고 한다.

**정 리 10-1**

위수가 2 이상인 단순그래프에서는 차수가 같은 정점이 두개 이상 존재한다.

**증명** 단순그래프의 위수가 $n$이라고 하자.
$n=2$ 일 때는 명백히 성립한다. 차수가 0인 꼭짓점이 있을 때는 귀납법 가정에 의하여 명백히 성립한다. 차수가 0인 꼭짓점이 없다고 하고, 꼭짓점을 $x_1, x_2, \cdots, x_n$ 이라고 하자. 그렇다면 $x_i$는 $n-1$개의 꼭짓점 중 1개 이상과 인접하므로 $1 \le \deg(x_i) \le n-1$ 이다. 그러므로 $\{\deg(x_1), \deg(x_2), \cdots, \deg(x_n)\} \subseteq \{1, 2, \cdots, n-1\}$ 이고, 비둘기집의 원리에 의하여 $\deg(x_i) = \deg(x_j)$ 인 서로 다른 $i, j$가 존재한다. ■

**정 리 10-2**

그래프에서 꼭짓점의 차수의 합은 변의 수의 2배이다.

**증명** 각 변은 변에 물려있는 양쪽의 꼭짓점에 차수를 1씩 제공하므로 성립한다. ■

차수가 홀수인 정점을 "**홀수점**" 차수가 짝수인 정점을 "**짝수점**" 이라고 한다. 그리고 차수가 1인 꼭짓점을 '**단말점**'이라 한다.

**따름정리 10-3**

그래프에서 홀수점의 개수는 짝수개이다.

**증명** 그래프에서 차수의 합은 변의 수의 두 배이다. 그러므로 차수의 합은 짝수이다. 만약 홀수점이 홀수개 이면 차수의 합이 홀수가 되므로 모순이다. ■

**예제10-2**

9개 팀이 참가하는 축구경기에서 리그전으로 경기를 대진표를 작성하고자 한다. 그런데 각 팀이 모든 경기를 하면 시간이 너무 많이 걸리기 때문에 각 팀이 5경기씩만 경기하도록 대진표를 작성하고자 한다. 가능할지를 판단하고 가능하다면 대진표를 작성하여 보아라.

**풀이** 불가능하다. 각 팀을 정점으로 하고, 경기가 있는 팀끼리 변으로 연결하는 그래프를 그리자. 그러면 모든 팀, 9개의 팀이 홀수점이 되므로 불가능하다. ■

방향그래프란(directed graph 또는 digraph)는 변(edge)들이 방향을 가지는것을 말한다. 방향그래프의 변들을 호(arc)로 부르기도 한다. 각 꼭짓점으로 들어가는 변의 수를 그 꼭짓점의 입차수(indegree), 나가는 변의 수를 출차수(outdegree)라 하고, 각각 $\mathrm{ind}(v)$, $\mathrm{outd}(v)$ 로 표기하기로 한다.

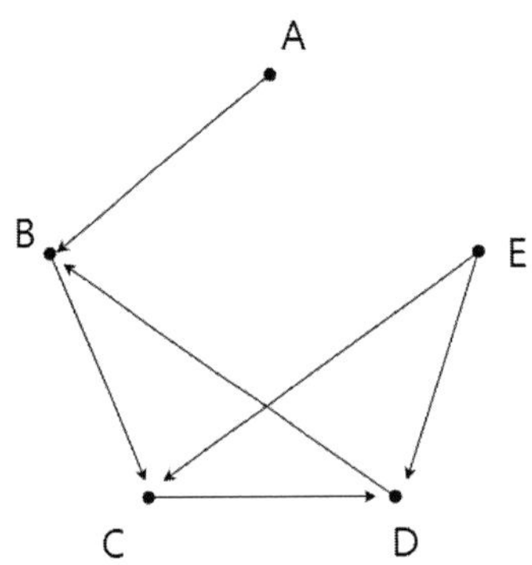


왼쪽 그래프에서
$\mathrm{ind}(A)=0,\ \mathrm{outd}(A)=1$
$\mathrm{ind}(B)=2,\ \mathrm{outd}(B)=1,$
$\mathrm{ind}(C)=2,\ \mathrm{outd}(C)=1$
$\mathrm{ind}(D)=2,\ \mathrm{outd}(D)=1$
$\mathrm{ind}(E)=0,\ \mathrm{outd}(E)=2$
임을 알 수 있다.

유향그래프의 인접행렬은 정점$i$에서 정점$j$로의 변의 수가 $(i,j)$원소로 한다. 위의 그래프 정점들을 순서대로 나열하면

$$G=\begin{bmatrix} 0\,1\,0\,0\,0 \\ 0\,0\,1\,0\,0 \\ 0\,1\,0\,1\,0 \\ 0\,0\,1\,1\,0 \end{bmatrix}$$

그래프의 정점과 변의 관계를 행렬로 나타낸 것이 입사행렬(incident matrix)이라 한다. 행을 점점의 집합으로 두고 열을 변의 집합으로 두었을 때, 각 변이 물고 있는 점점에는 1이고 그렇지 않을 때는 0을 부여한다. 예를 들어 다음 그래프는 정점 $x_1, x_2, \cdots, x_6$ 과 변 $a_1, a_2, \cdots, a_7$ 로 이루어진 그래프이다. 이 그래프의

입사행렬 $B(G)$는 오른쪽과 같다.

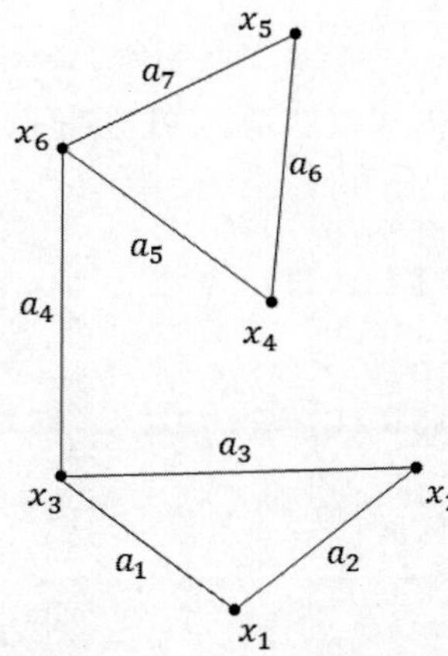


| | $a_1$ | $a_2$ | $a_3$ | $a_4$ | $a_5$ | $a_6$ | $a_7$ |
|---|---|---|---|---|---|---|---|
| $x_1$ | 1 | 1 | 0 | 0 | 0 | 0 | 0 |
| $x_2$ | 0 | 1 | 1 | 0 | 0 | 0 | 0 |
| $x_3$ | 1 | 0 | 1 | 1 | 0 | 0 | 0 |
| $x_4$ | 0 | 0 | 0 | 0 | 1 | 1 | 0 |
| $x_5$ | 0 | 0 | 0 | 0 | 0 | 1 | 1 |
| $x_6$ | 0 | 0 | 0 | 1 | 1 | 0 | 1 |

**정 리 10-4**

그래프 $G$의 인접행렬이 $A$, 입사행렬이 $B$라 할 때,

$$BB^T = A + D$$

이고, 여기서 $D = diag(d(x_1), d(x_2), \cdots, d(x_n))$ 이다.

**증명** $B = [b_{ij}]_{m \times n}$이라 하고, $BB^T = [c_{ij}]_{m \times m}$이라 하자.
$c_{ij} = b_{i1}b_{j1} + b_{i2}b_{j2} + \cdots + b_{in}b_{jn}$ 이다. $b_{ik}b_{jk}$ 가 1이 되는 경우는 변 $a_k$가 정점 $x_i$와 $x_j$를 물고 있을 때 이므로 $c_{ij}$에서 $i = j$인 경우 $c_{ii} = \deg(x_i)$ 가 되고, $i \neq j$ 인 경우 $x_i$와 $x_j$를 물고 있는 변의 수, 즉 $a_{ij}$가 된다. ■

그래프에서 인접한 점들의 연결은 의미가 있다. 수많은 정의들이 있는데, '기본(elementary)'는 점들이 중복되지 않는 경우를 의미하고, '단순(simple)'은 변들이 중복되지 않는 것을 의미한다. 그리고 '경로(path)'는 인접한 점들의 열(sequence)를 의미하며, '회로(cycle)'는 시작점이 출발점이 같은 '경로'를 의미한다. 예를 들어 단순경로(simple path)는 변들이 중복되지 않는 인접한 점들의 열이다.(여기서 점들은 중복될 수 있다. 그리고 '기본회로(elementary cycle)'는 점들도 중복되지 않는 닫힌 경로이다. 길이(length)는 경로 또는 회로가 거치는 변의 수를 말한다.

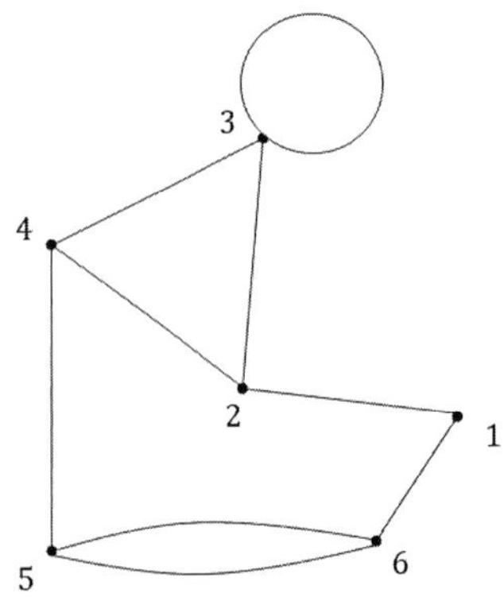


왼쪽그래프의 인접행렬은 아래와 같다.

$$A(G) = \begin{bmatrix} 0&1&0&0&0&1 \\ 1&0&1&1&0&0 \\ 0&1&1&1&0&0 \\ 0&1&1&0&1&0 \\ 0&0&0&1&0&2 \\ 1&0&0&0&2&0 \end{bmatrix}$$

위 그래프에서 정점들의 경로와 회로가 인접행렬에서는 아래와 같이 나타난다.

기본회로 5-6-1-2-4-5

$$A(G) = \begin{bmatrix} 0&\textcircled{1}&0&0&0&1 \\ 1&0&1&\textcircled{1}&0&0 \\ 0&1&1&1&0&0 \\ 0&1&1&0&\textcircled{1}&0 \\ 0&0&0&1&0&\textcircled{2} \\ \textcircled{1}&0&0&0&2&0 \end{bmatrix}$$

단순경로 6-1-2-4-3-2

$$A(G) = \begin{bmatrix} 0&\textcircled{1}&0&0&0&1 \\ 1&0&1&\textcircled{1}&0&0 \\ 0&\textcircled{1}&1&1&0&0 \\ 0&1&\textcircled{1}&0&1&0 \\ 0&0&0&1&0&2 \\ \textcircled{1}&0&0&0&2&0 \end{bmatrix}$$

경로 4-2-1-2-3

$$A(G) = \begin{bmatrix} 0&\textcircled{1}&0&0&0&1 \\ \textcircled{1}&0&\textcircled{1}&1&0&0 \\ 0&1&1&1&0&0 \\ 0&\textcircled{1}&1&0&1&0 \\ 0&0&0&1&0&2 \\ 1&0&0&0&2&0 \end{bmatrix}$$

각 행은 경로 또는 회로에서 출발하는 변의 수를 나타내고 열은 각 정점으로 들어오는 변을 나타낸다.

그래프에서 정점들 사이 경로가 존재하는 부분을 연결요소(connected component)라 하고, 연결요소가 하나인 그래프를 연결그래프(connected graph)라 한다. 변 중에서 그 변을 제거하면 그래프의 연결요소가 늘어나는 변을 '**다리**(edge)'라 한다. 아래의 그래프에서 변(3,4)는 다리이다.

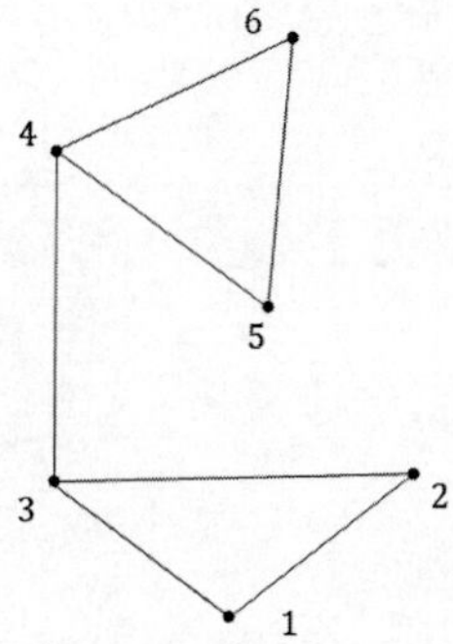


아래 인접행렬에서 ①은 다리를 나타낸다.

$$A(G)=\begin{bmatrix} 0&1&1&0&0&0 \\ 1&0&1&0&0&0 \\ 1&1&0&\textcircled{1}&0&0 \\ 0&0&\textcircled{1}&0&1&1 \\ 0&0&0&1&0&1 \\ 0&0&0&1&1&0 \end{bmatrix}$$

다리부분을 제거한 그래프는 분리되고 인접행렬 역시 분리된다.

$$A'(G)=\begin{bmatrix} 0&1&1&0&0&0 \\ 1&0&1&0&0&0 \\ 1&1&0&0&0&0 \\ 0&0&0&0&1&1 \\ 0&0&0&1&0&1 \\ 0&0&0&1&1&0 \end{bmatrix}$$

### 정 리 10-4

연결그래프 $G$의 인접행렬이 $A$라 할 때, $A^k$의 $(i,j)$원소는 정점$i$에서 $k$까지의 길이가 $k$인 경로의 수를 나타낸다.

**증명** $A^k=[a_{ij}^{(k)}]$로 나타내기로 하자.

$k$에 대한 수학적 귀납법으로 증명한다. $k=1$일 때는 인접행렬의 정의에 의해 분명하다. $a_{ij}^{(k)}=a_{i1}^{(k-1)}a_{1j}+a_{i2}^{(k-1)}a_{2j}+\cdots+a_{in}^{(k-1)}a_{nj}$ 이고, $a_{im}^{(k-1)}$는 정점$i$에서 정점 $m$까지 길이가 $k-1$인 경로의 수이고, $a_{mj}$는 정점 $m$에서 정점 $j$까지 변의 수이므로, $a_{im}^{(k-1)}a_{mj}$는 정점$i$에서 길이 $k-1$인 경로를 거쳐 $m$에 이르는 경로의 수이므로 성립한다. ■

방향그래프에서는 두 점 $x,y$가 인접하고 변의 방향이 $x$에서 $y$로 향한다면 순접한다고 한다. 방향그래프에서 임의의 두 점이 순접하는 경로를 가진다면 강연결이라고 한다. 일반 그래프에 강연결가능하도록 변에 방향을 줄 수 있다면, 그 그래프를 강연결화 가능그래프라 부른다.

### 정 리 10-5

연결그래프 $G$가 강연결화 가능일 필요충분조건은 $G$가 다리를 가지지 않을 것이다.

**증명** 증명은 독자에게 남긴다. ■

완전그래프에 방향을 준 그래프를 토너먼트(tournament) 라고 한다.

**정 리 10-6**

토너먼트에는 모든 정점을 한 번씩만 지나는 회로가 존재한다.

**증명** 토너먼트의 위수 $v$ 에 관한 수학적 귀납법을 사용한다.
$v=2$ 일 때는 명백히 정리가 성립한다.
$v \geq 3$ 이라 하자. $T$ 의 한 꼭짓점 $y$를 택하면 $T-y$ 는 토너먼트이다. 따라서 귀납법 가정에 의하여 $T-y$ 는 해밀턴경로 $x_1 \to x_2 \to \cdots \to x_{n-1}$
를 가진다. $T$에서 유향변[ $y \to x_1$ ] 또는 [$x_{n-1} \to y$ ]가 존재한다면 $T$ 는 해밀턴경로를 가지고 된다.
$y \to x_1 \to x_2 \to \cdots \to x_{n-1}$ or $x_1 \to x_2 \to \cdots \to x_{n-1} \to y$
[$y \to x_1$] 과 [$x_{n-1} \to y$ ] 중 어느 것도 $T$의 유향변이 아니라면, $T$가 토너먼트 이므로 [$x_1 \to y$ ] 와 [ $y \to x_{n-1}$]를 가진다. $x_i \to y$ 인 가장 큰 $i$를 택하면, $T$에는
$x_1 \to x_2 \to \cdots \to x_i \to y \to x_{i+1} \to \cdots \to x_{n-1}$
의 해밀턴 경로를 가진다. ■

## 10-2 그래프의 동형과 부분그래프

두 그래프 $G_1=(V_1, E_1)$ 과 $G_2=(V_2, E_2)$가 동형(isomorphic)이라는 것은 두 그래프의 변들 사이에 일대일 대응이 존재하고, 각 대응되는 변들의 인접성이 같을 때를 말한다. 즉 일대일 대응 $f: V_1 \to V_2$ 가 존재하여

$$(x_1, x_2) \in E_1 \Leftrightarrow (f(x_1), f(x_2)) \in E_2$$

이다. 두 그래프가 동형인지 아닌지를 판단하는 것은 쉬운 문제가 아니다.

**예제10-2**

다음 세 개의 그래프는 동형이다.

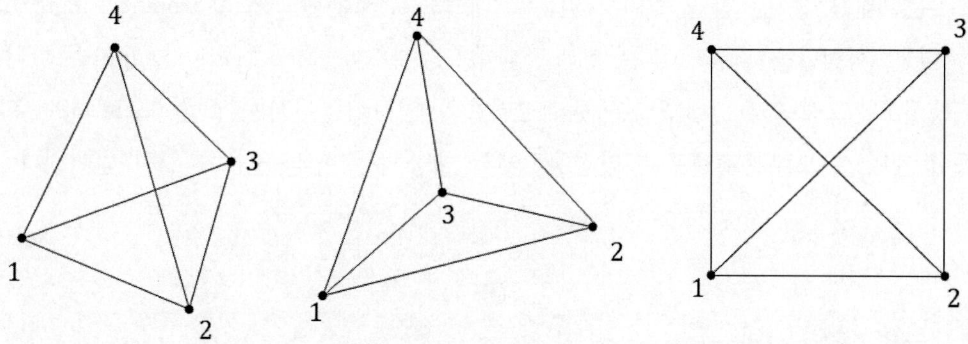

두 그래프 $G,H$와 각 인접행렬이 $A(G)$, $A(H)$라 할 때, 두 그래프 $G,H$가 동형일 필요충분조건은, 치환행렬 $P$가 존재하여 $P^TA(G)P= A(H)$ 가 되는 것이다. 그래프의 동형을 판단하는 문제는 쉽게 해결되지 않는다. 차수열이 같더라도 동형이라고 말할 수 없다. 예를 들어 아래의 두 그래프는 동형이 아니다.

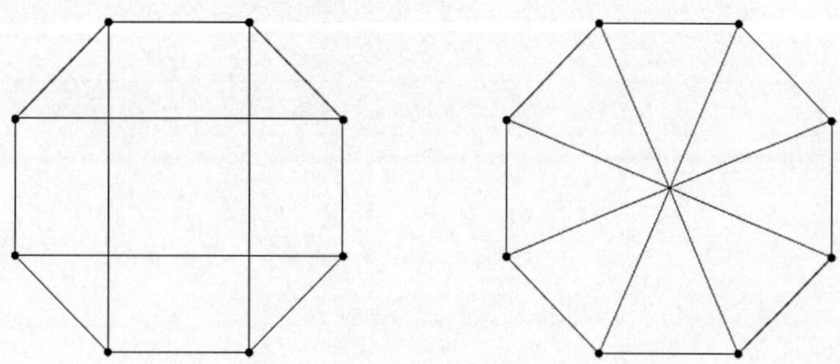

왼쪽그래프는 길이4인 회로가 있는 반면 오른쪽 그래프에는 길이 4인 회로가 존재하지 않는다.

그래프 $G=(V,E)$에 대하여 $V_1 \subset V$과 $E_1 \subset E$이고 $H=(V_1,E_1)$이 그래프가 된다면, 그래프 $H$는 그래프 $G$의 부분그래프(subgraph)라 한다. 부분그래프는 원래의 그래프에서 변을 지우거나 점을 지워서 만들어진다. 그래프에서 점을 제거하면, 지워지는 점과 물고 있는 모든 변들도 제거된다. 그래프 $G=(V,E)$에서 점 $x \in V$를 지워 만든 그래프를 $G-x$로 표기한다. 마찬가지로 변$e=(x,y) \in E$에 대하여 $G-e$ 또는 $G-(x,y)$는 변을 지워 만든 부분그래프이다.

부분그래프 중 변 만을 지워서 얻는 그래프를 생성부분그래프(spanning subgraph)라 하고, 정점만을 지워서 얻는 그래프를 유도부분그래프(induced subgraph)라 한다.

생성부분그래프의 인접행렬은 원래그래프의 인접행렬에서 원소를 0으로 하여 만들어 지며, 유도부분그래프는 인접행렬에서 대응되는 행과 열을 지워서 얻어진다.

## 10-3 평면그래프

그래프 $G$의 위수, 즉 정점의 수를 $v$, 변의 수를 $e$로 나타내자. 변이 겹치지 않게 평면위에 그릴 수 있는 그래프를 평면그래프(planar graph) 라고 한다. 평면그래프는 평면을 몇 개의 영역으로 나눈다. 평면그래프 $G$에 의하여 나누어지는 영역을 $G$의 면(face)이라 하고, 면의 개수를 $f$ 로 나타낸다.

**정 리 10-7**

연결평면그래프에서는 등식

$$v - e + f = 2$$

가 성립한다.

**증명** 연결 평면그래프는 다음과 같이 평면을 분할한다. 연결평면그래프에서 모든 변은 변 A와 같이 단말점이거나 변B와 같이 한 영역의 변이 된다. 만약 변 A 를 추가하는 것은 위의 공식에서 v 와 e 에 각각 1씩 더하는 문제이므로 여전히 성립한다. 변 B를 추가하는 것은 e 와 f에 각각 1씩 추가하는 것이므로 여전히 성립한다.

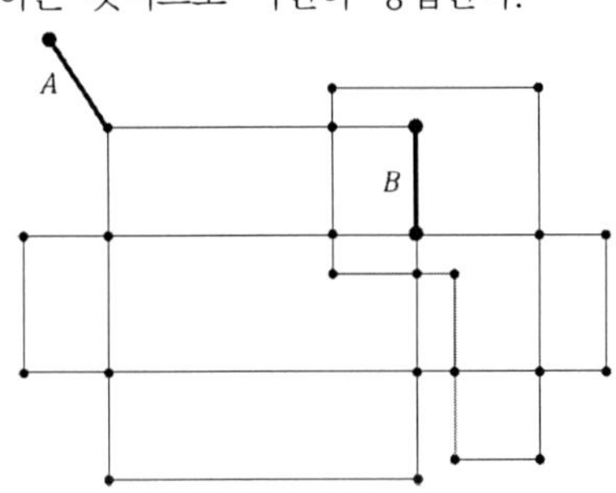


■

평면그래프에서 면이 닿아 있는 변의 가장자리의 수를 면의 차수라고 하고 $\deg(F)$ 로 나타낸다.

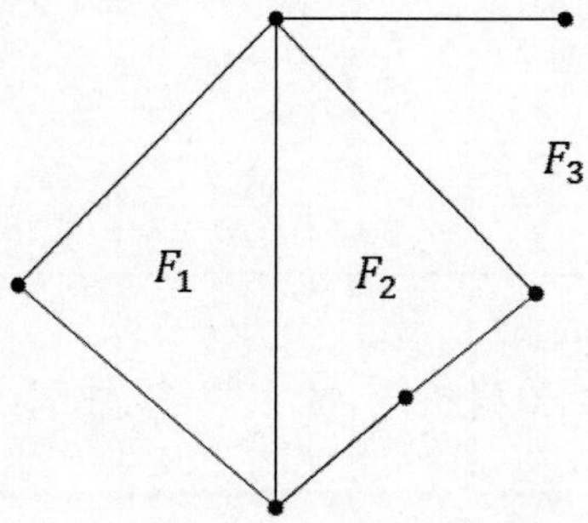


위의 그래프에서

$$\deg(F_1) = 3,\ \deg(F_2) = 4, \deg(F_3) = 7$$

이다. 단말점을 포함하는 경우 그 변으로 인하여 차수가 2가 부여된다.

**정 리 10-8**

평면그래프에서 면의 차수의 합은 변의 수의 2배이다.

증명 각 변은 양쪽으로 면에 차수를 1씩 더하기 때문이다. ■

**정 리 10-9**

$G$가 위수 3이상인 연결평면그래프이면,

$$v - \frac{e}{3} \geq 2$$

가 성립한다. 더욱이 $G$가 이분그래프이면

$$v - \frac{e}{2} \geq 2$$

가 성립한다.

증명 $G$는 위수가 3이상인 단순연결평면그래프 이므로, 모든 면의 차수는 3이상이다.

따라서 정리 6에 의하여 $2e = \sum_F \deg(F) \geq 3f$ , 즉 $\frac{2e}{3} \geq f$ 이다.

이사실과 오일러 정리로부터

$$2 = v - e + f \le v - e + \frac{2e}{3} = v - \frac{e}{3}$$

더욱이 $G$ 가 이분그래프라면, 각 회로의 길이가 4이상이므로 각면의 차수 또한 4 이상이고, 따라서 $2e \ge 4f$ 이다. 그러므로

$$2 = v - e + f \le v - e + \frac{e}{2} = v - \frac{e}{2}$$

가 성립한다. ■

위의 정리를 이용하여 평면그래프를 쉽게 판단 할 수 있는 그래프가 있다.

### 예제10-2

다음 그래프는 평면그래프가 아니다.

(1) $K_5$ (2) $K_{3,3}$

**풀이** (1) $K_5$에서 $v = 5, e = 10$ 이다.

$$v - \frac{e}{3} = 5 - \frac{10}{3} = 1.666666 < 2$$

이므로 정리 7에 의하여 평면그래프가 아니다.

(2) $K_{3,3}$는 $v = 6, e = 9$ 인 그래프이다.

$$v - \frac{e}{3} = 6 - \frac{9}{2} = 1.5 < 2$$

이므로 정리 7에 의하여 평면그래프가 아니다. ■

### 정 리 10-10

연결 평면그래프에서는 차수가 5이하인 꼭짓점이 존재한다.

**증명** $G = (V, E)$ 가 연결 평면 단순그래프라고 하면, 정리 7로부터 $v - \frac{e}{3} > 0$ 이다. 그러므로

$$\frac{e}{3} < v \rightarrow \frac{e}{v} < 3 \rightarrow \frac{2e}{v} < 6 \rightarrow \frac{1}{v}\sum_{x \in V} d(x) < 6$$

꼭짓점의 차수의 평균이 6 미만이므로 $G$ 에는 차수가 6미만, 즉 5 이하인 꼭짓점이 존재한다. ■

## 10-4 여러 가지 회로

그래프 $G$에서 모든 변을 꼭 한 번씩만 거치는 회로를 **오일러회로**(Euler cycle)라고 한다. 오일러회로를 가지는 그래프를 **오일러그래프**라고 한다.
모든 변을 꼭 한 번씩만 거치는 경로를 오일러경로라고 한다.

**정 리 10 - 11**

연결그래프가 오일러 회로를 가질 필요충분조건은 모든 꼭짓점의 차수가 짝수일 것이다.

**증명** 아래 그림과 모든 점이 짝수점이 그래프는 회로를 가진다. 한 개의 회로는 당연히 한붓그리기 가능하다.

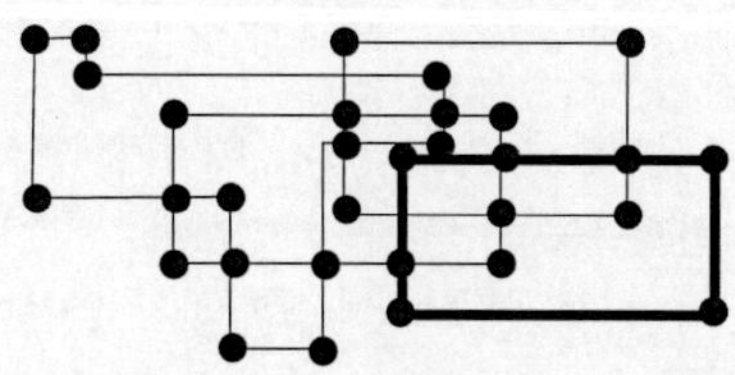

이제 위에서 검은 색 회로를 지운경우가 한 붓 그리기 가능하다고 하자. 이제 검은색사각형을 지우고 난 도형을 한 붓 그리기를 하다가 A 지점에 이르면, 이제는 검은색 회로를 한 바퀴 돌고 온다. 그리고 남은 한붓그리기를 하면 원래의 그래프 모두를 한붓그리기 한 것이다.

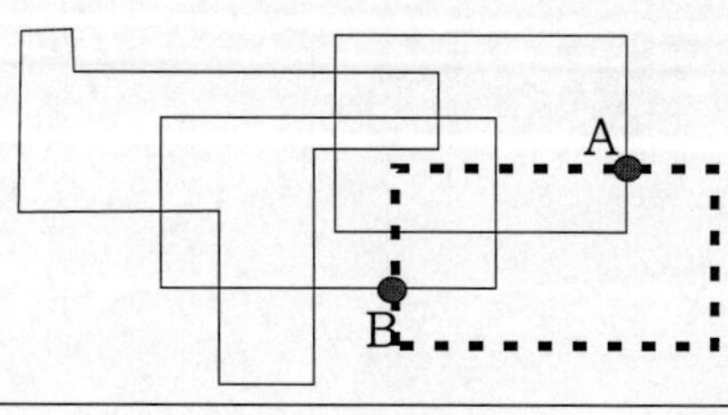


■

**따름정리 10 - 12**

연결그래프가 오일러경로를 가질 필요충분조건은 홀수점이 꼭 두개 일 것이다.

연결그래프에서 모든 꼭짓점을 꼭 한 번씩만 지나는 회로를 해밀턴회로(Hamilton cycle) 이라 하고, 모든 꼭짓점을 꼭 한 번씩만 지나는 경로를 해밀턴경로(Hamilton path)라고 한다.

오일러회로와 해밀턴 회로는 언뜻 유사해 보이지만, 차이가 많이 나며, 오일러회로를 가질 필요충분조건은 밝혀졌지만, 해밀턴 회로는 밝혀진 바가 거의 없다.

다음 정리는 해밀턴 회로의 존재성이 많은 도움이 된다.

**정 리 10-13**

위수가 $n$인 단순연결그래프 $G$에서 점 $x,y$는 서로 인접하지 않지만

$\deg(x) \geq \frac{n}{2}$, $\deg(y) \geq \frac{n}{2}$ 를 만족한다. 그렇다면 $G+(x,y)$가

해밀턴회로를 가질 필요충분조건은 $G$가 해밀턴회로를 가지는 것이다.

**증명** $G$ 가 해밀턴회로를 가진다면 $G+(x,y)$가 해밀턴회로를 가지는 것은 당연하다. 이제 역으로 $G+(x,y)$가 해밀턴회로를 가진다고 가정하자.

이제 변 $(x,y)$을 $G+(x,y)$의 해밀턴회로에 포함하지 않는다면 그 회로는 $G$의 해밀턴회로가 되기 때문에 증명이 끝난다. 이제 $x=x_1-x_2-x_3-\cdots-x_n=y$ 를 $G+(x,y)$의 해밀턴회로라 하자. $x_i(3 \leq i \leq n-1)$ 와 $x$가 인접할 때, $y(x_n)$이 $x_{i-1}$과 인접한다고 하자. 그렇다면 다음과 같이

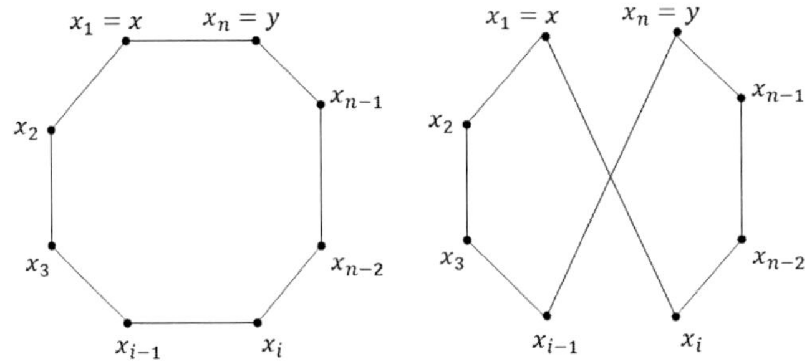


점열 $x_1-\cdots-x_{i-1}-x_n-x_{n-1}-\cdots-x_i-x$ 는 $G$의 해밀턴 회로가 된다.

이제 $x_i(3 \leq i \leq n-3)$ 와 $x$가 인접할 때, $y(x_n)$이 $x_{i-1}$과 인접하지 않는다고 하자. 그리고 $Adj(x)=\{x_{i_1},x_{i_2},\cdots,x_{i_{\deg(x)}}\}$ 로서 $Adj(x)$는 $x$를 제외하고, 위의 해밀턴회로의 순서대로 $x$와 인접한 점들의 집합이라 하자. 그렇다면 $y$와 인접한 접들의 집합 $Adj(y)$는

다음과 같이 표현할 수 있다.
$Adj(y) \subset N - \{x_{i_1 - 1}, x_{i_2 - 1}, \cdots, x_{i_{\deg(x)} - 1}\}$
따라서 $\deg(y) \le n - \deg(x) - 1$ 이다. 가정에 의하여 $x_{i_1} = x_2$이고 $x_1$은 $Adj(y)$에 포함되지 않기 때문에 위의 식이 만족한다. 이것은 $\deg(x) + \deg(y) < n$ 이므로 가정에 모순이다. ■

### 예제10-3

어느 국제 수학자대회에 10명의 수학자들이 참석하였다. 각 수학자는 참가자의 절반이상과 대화를 할 수 있다고 한다. 이들 10명의 수학자들을 원탁에 앉을 때, 옆의 사람과 서로 대화가 되도록 자리를 배정하려고 한다. 그러한 방법이 존재하겠는가?

**풀이**

각 수학자를 점으로 하고 대화가 되는 사람끼리 변으로 연결을 한다면 그래프가 된다. 만약 해밀턴 회로가 존재한다면 해밀턴 회로의 순서대로 원탁에 앉음으로써 모두가 옆 사람과 대화가 가능하다. 모든 수학자가 절반 이상의 사람들과 대화가 가능하다고 하였으므로 임의의 두 사람을 연결하여 해밀턴회로를 가진다면, 원래의 그래프가 해밀턴 회로를 가진다. 그런데 임의의 두 사람을 연결하면 완전그래프이고 이는 해밀턴 회로가 존재한다. ■

해밀턴회로를 찾는 문제는 다음의 성질들이 유용하다.

(1) 차수가 2인 꼭짓점에 인접한 두 변을 포함한다.

(2) 한 점에 물려있는 두 개의 변이 해밀턴 회로에 포함되면 그 점에 물려있는 다른 모든 변은 그 회로에 포함되지 않는다.

(3) 해밀턴 회로는 그 회로의 길이보다 짧은 부분회로를 포함하지 않는다.

(4) 대칭인 그래프는 한쪽으로만 검증하면 된다.

### 예제10-4

어느 전시장의 구조가 다음과 같이 하였다. 모든 사람들이 한방을 한번만 거쳐서 들어왔던 길로 나갈 수 있도록 관람자의 경로를 설계할 수 있는가?

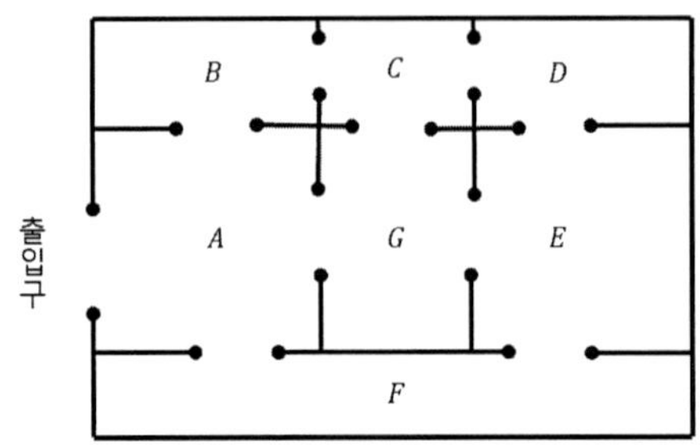


모든 방 A, B, … ,F를 한 번씩만 거치고, 출입구를 통하여 출입할 수 있는가?

풀이

다음 그래프가 해밀턴 회로를 가지는 지에 대한 판단이다.

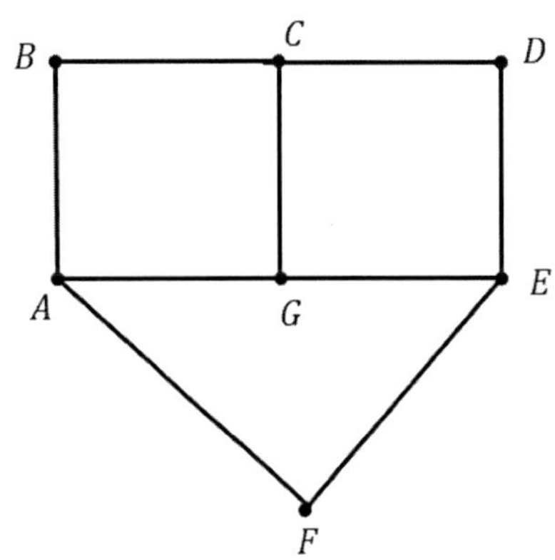


만약 위의 그래프가 해밀턴회로를 가진다면, 차수가 2인 점을 물고 있는 모든 변을 회로에 포함하여야 한다. 그렇다면 결과는

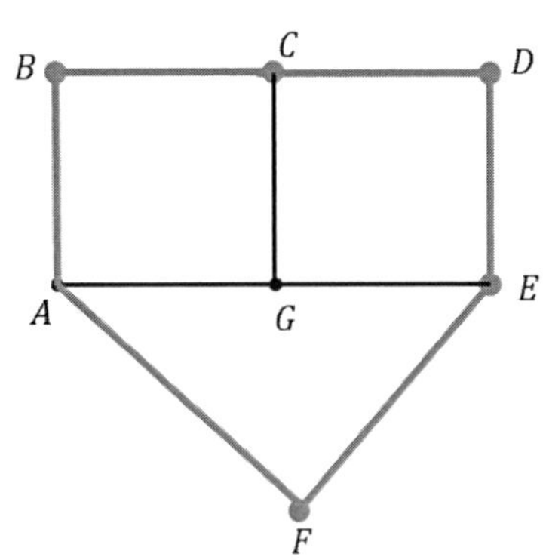


위의 그림과 같이 $G$를 포함하지 않는 회로가 된다. 따라서 주어진 그림과 같은 전시장에서는 관람자가 한 방을 한 번씩만 지나는 경로는 존재하지 않는다.

# 연습문제

1 차수열이 다음과 같은 단순연결 그래프가 존재하겠는가? 존재한다면 그래프를 그려 보아라.

(1) (6,6,5,5,5,1,1,1,1)

(2) (6,5,5,5,5,5,5)

2 그래프의 인접행렬이 아래와 같다. 그래프를 찾아보아라.

(1) $A(G)=\begin{bmatrix} 0\,1\,1\,0\,0 \\ 1\,0\,1\,1\,0 \\ 1\,1\,0\,1\,1 \\ 0\,1\,1\,0\,1 \\ 0\,0\,1\,1\,0 \end{bmatrix}$ (2) $A(H)^3=\begin{bmatrix} 0\,1\,1\,3 \\ 1\,2\,3\,4 \\ 1\,3\,2\,4 \\ 3\,4\,4\,2 \end{bmatrix}$

3 그래프에서 정점의 최소차수가 $\dfrac{2e}{v}$이면 정규그래프임을 증명하여라.

4 다음 두 그래프가 동형이 아님을 보여라.

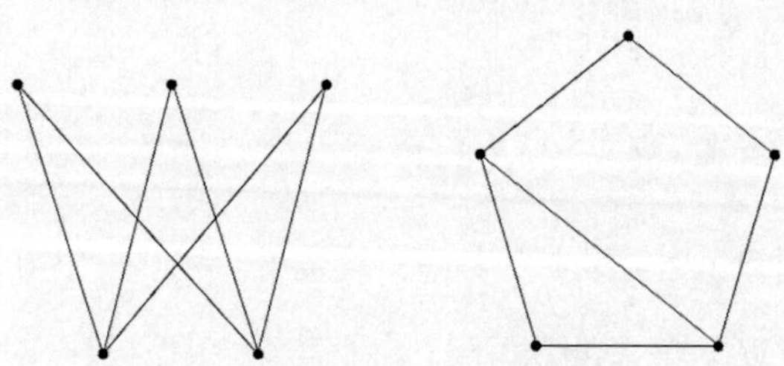

5 위수 9인 단순그래프에서 정점들의 차수의 합이 27이상이다. 그래프는 차수 4 이상인 정점을 가짐을 보여라.

6 유향그래프가 오일러회로를 가질 필요충분조건은 모든 정점의 입차수(indegree)와 출차수(outdegree)가 같을 때임을 증명하여라.

7 오일러는 쾨닉스베르그 다리문제의 해결에서 다음 그림과 같이 각 육지에 하나의 점 (A, B, C, D)을 대응시켜 그래프를 그렸다. 그리고 오른쪽 그래프가 오일러회로를 가질 수 없으므로  모든 다리를 한 번씩 지나는 경로는 존재하지 않는다고 하였다. 만약 각 육지에 두 개 이상의 점을 찍는 다면 어떻게 될지 설명하여 보아라.

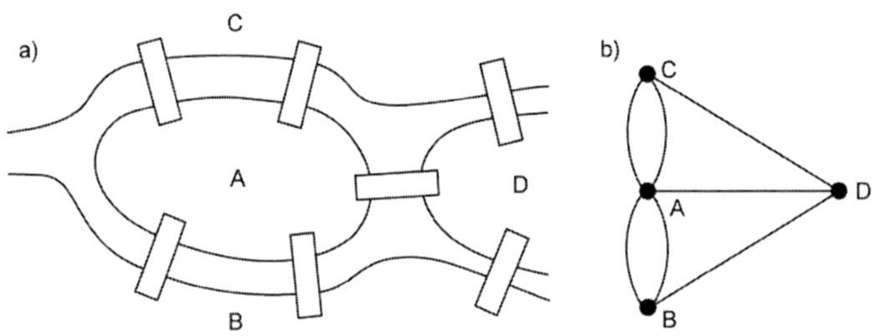


8 다음 그래프를 피터슨 그래프(Petersen graph)라 한다. 피터슨 그래프가 해밀턴회로를 가질지 판단하여라.

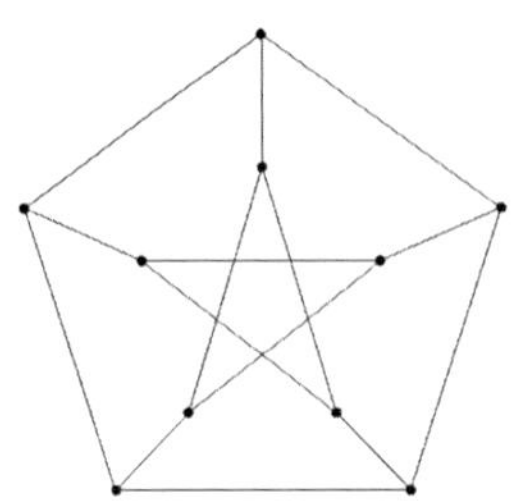

9 전시관의 설계는 다음과 같다. 이 전시관의 관람객들이 부딪힘 없이 각 방에 한 번씩만 보고 지나갈 수 있도록 관람경로를 설계할 수 있겠는가?

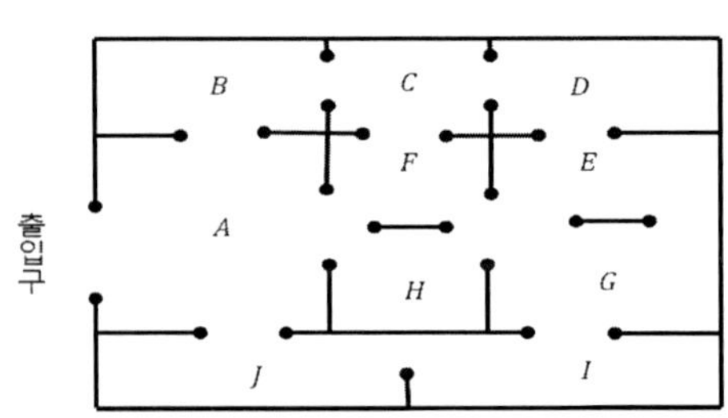

10 회로가 없는 방향 그래프에는 출차수가 0인 점이 존재하는가?

11 열 명의 선수가 어느 체스 토너먼트에 참가한다. 열 한 번의 경기가 이미 진행되었다면 세 경기 이상을 한 선수가 있음을 증명하여라.

12 변의 수가 15이고 정점 중 3개는 차수가 4, 나머지는 모두 3인 그래프의 정점의 개수는 몇 개인가?

13 다음 그래프가 평면그래프인지 아닌지를 판정하여라.

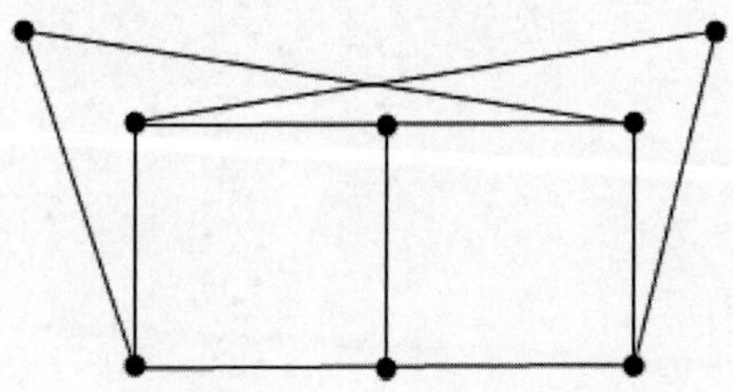

# 11. 그래프의 채색과 수형도(Tree)

## 11-1 그래프 채색 (graph coloring)

그래프의 각 정점에 색을 칠할 때, 인접한 점들은 같은 색이 되지 않도록 칠하는 것을 그래프 채색(graph coloring)이라 하고, 그래프 $G$의 정점에 최소 $k$ 개의 색으로 채색이 가능할 때 그래프 $G$를 $k$-채색가능($k$-colorable) 이라고 한다.

그래프$G$에서 최소 가능 채색수를 $\chi(G)$로 나타내고 이를 $G$의 채색수라고 한다. 명백히 $\chi(K_n)=n$이다.

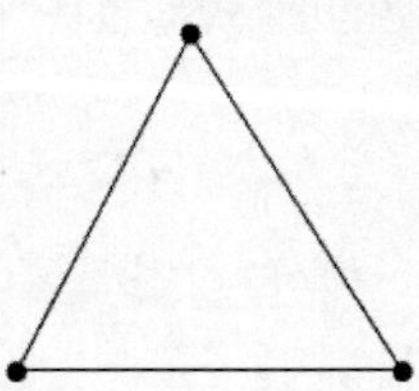

$G_1$

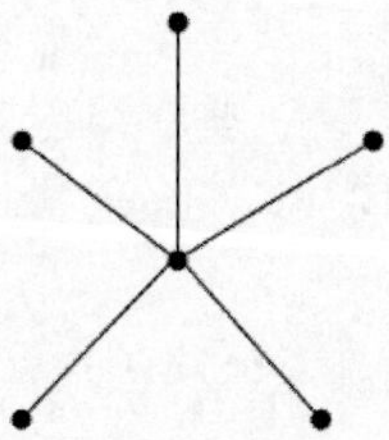

$G_2$

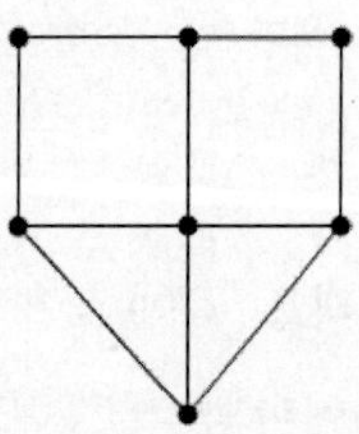

$G_3$

그리고 위의 그래프에서 $\chi(G_1)=3, \chi(G_2)=2, \chi(G_3)=3$ 임을 알 수 있다.

### 예제11-1

가, 나, 다, 라, 마, 바 여섯 가지 제품을 만들 때, 1,2,3,4,5 라는 도구를 다음표와 같이 사용하여야 한다. 도구들을 효과적으로 최소한의 시간을 사용하기 위해서 제품을 어떻게 만드는 것이 좋은가?

| | 가 | 나 | 다 | 라 | 마 | 바 |
|---|---|---|---|---|---|---|
| 1 | ■ | | | | | |
| 2 | ■ | ■ | ■ | | | |
| 3 | | ■ | | ■ | ■ | |
| 4 | | | ■ | | ■ | ■ |
| 5 | | | | ■ | ■ | ■ |

**풀이** 먼저 각 도구들을 꼭짓점으로 하고 같은 도구를 사용하는 제품이 있는 경우 변을 그리는 그래프를 그린다.

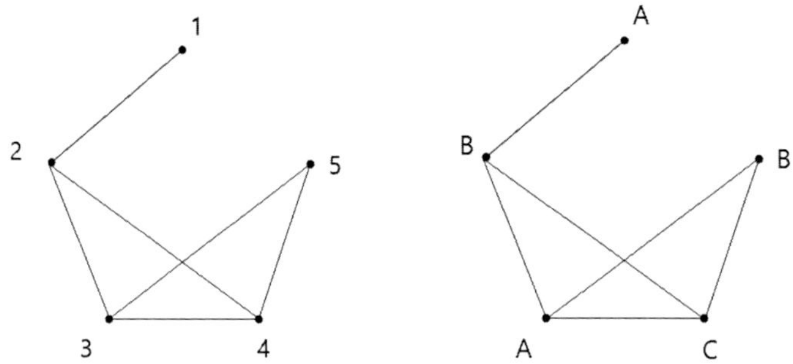


먼저 점 1에 A를 칠한다. 그리고 점2 에 B를 칠한다. 점3에 다시 A를 칠한다. 점4에는 A와 B를 칠할 수 없다. 그러므로 새로운 색 C를 칠한다. 그리고 점 5에 B를 칠하면 되므로 3가지 색만으로 칠할 수 있다. 여기서 같은 색은 같은 도구를 사용하지 않으므로 같은 시간에 작업을 할 수 있다. 그러므로 3가지 시간대로 작업을 할 수 있다. ■

그래프 $G$에 $x$개의 색으로 칠할 수 있는 방법 수는 $x$에 대한 다항식이 되는데 이 다항식을 $G$의 채색다항식(chromatic polynomial)이라 하고, $P(G,x)$로 나타내기로 한다.

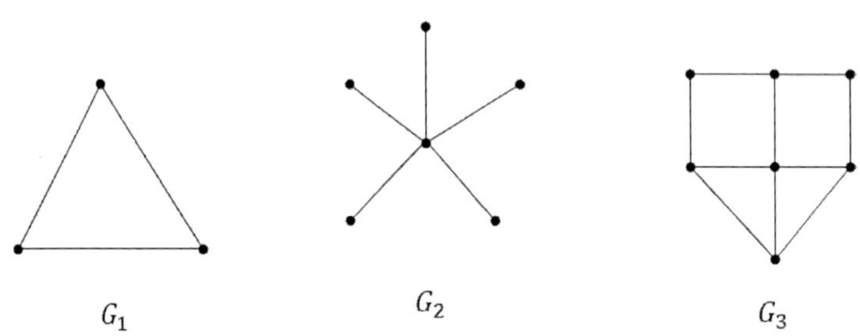


에서 $P(G_1,x)=x(x-1)(x-2)$, $P(G_2,x)=x(x-1)^5$를 어렵지 않게 구할 수 있지만 $P(G_3,x)$는 쉽게 구할 수 없다. 이를 구하는 방법을 알아보자.

다음을 살펴보자.

위의 그래프 $G_1$에서 변 $a$를 제거한 그래프를 $G_2$, 그리고 변 $a$가 물고 있던

두 점 $x_1$과 $x_2$를 연결한 그래프를 $G_3$라 하자. 채색을 할 경우 그래프 $G_2$에서는 점 $x_1$과 $x_2$에 임의로 칠이 가능하다. 그리고 $G_3$에서는 두 점이 같기 때문에 항상 같은 색이 칠해진다고 볼 수 있다. 그러므로 다음 정리를 얻는다.

**정 리 11-1**

단순그래프 $G_1$ 에서 변 $a$가 점 $x_1$과 $x_2$를 물고 있다고 하자.

$$P(G_1,x)=P(G_2,x)-P(G_3,x)$$

가 성립한다.

**예제11-2**

다음 그래프의 채색다항식을 구하여 보자.

1)

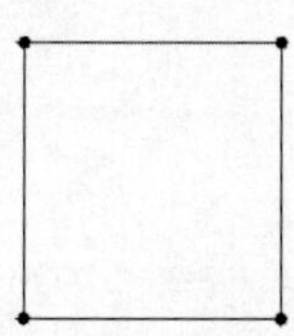

2)

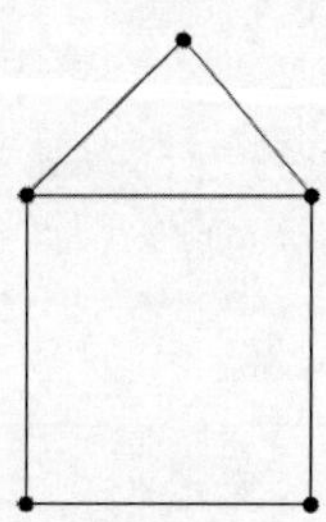

**풀이** 1) 다음과 같이 그래프의 각 정점에 번호를 붙이자.

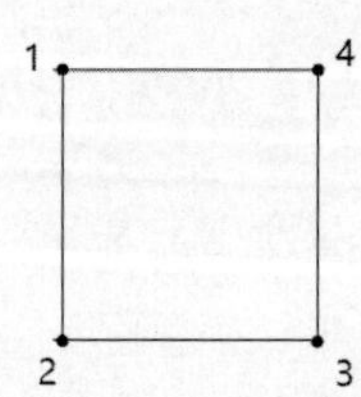


먼저 점 1에 $x$개의 색으로 칠할 수 있는 방법 수는 $x$이다.

① 점 2, 4, 가 같은 색 일 경우 채색다항식은 $x(x-1)^2$이 된다.

② 점 2, 4가 다른 색일 경우 채색 다항식은 $x(x-1)(x-2)^2$ 이다.

①과 ②를 통해 그래프의 채색 다항식은

$$x(x-1)^2+x(x-1)(x-2)^2=x(x-1)(2x^2-6x+5)$$

가 됨을 알 수 있다.

2) 위의 정리 12 를 거듭 적용하여 다음과 같이 얻을 수 있다.

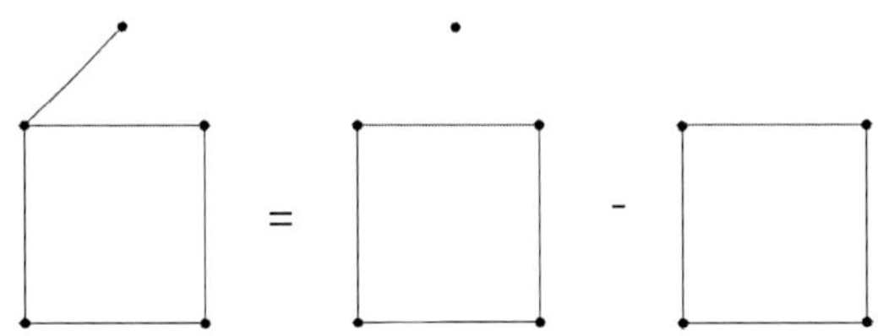

$$P(-,x) = x \cdot x(x-1)(2x^2-6x+5) - x(x-1)(2x^2-6x+5)$$
$$= x(x-1)^2(2x^2-6x+5)$$

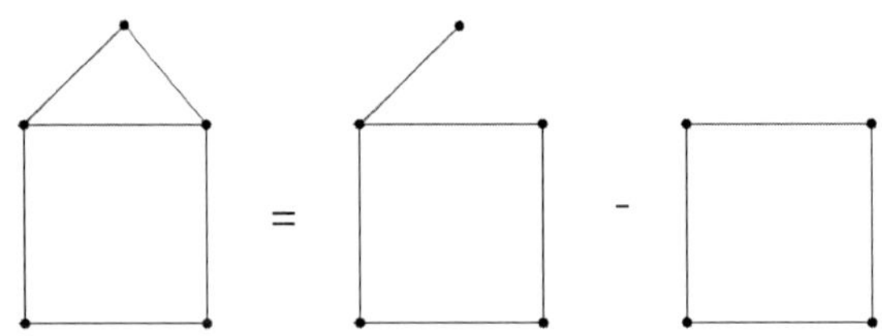

$$P(-,x) = x(x-1)^2(2x^2-6x+5) - x(x-1)(2x^2-6x+5)$$
$$= x(x-1)(x-2)(2x^2-6x+5)$$

**정 리 11-2**

모든 평면그래프의 채색수는 6이하이다.

**증명** $\chi(G) \geq 7$ 이 되는 평면 그래프가 있다면 그러한 그래프 중 꼭짓점의 수가 가장 작은 것을 $G$라 하자. 정리에 의하여 $G$에는 차수가 5이하인 점 $x$가 존재한다. $G' = G - x$라 하면, $V_{G'} \subset V_G$ 이므로, $G$의 선택에 의하여 $G'$은 6채색 가능이다. 6가지 색으로 $G'$을 채색을 하였다고 하자. $x$는 차수가 5이므로 $x$와 인접한 꼭짓점의 개수는 5이고, 다른 한색을 사용하여 6가지색으로 $G$를 채색할 수 있다. 이것은 처음 $G$의 채색수가 7이라는 사실에 모순이다. ■

## 11-2 수형도와 탐색

수형도란 회로가 없는 연결그래프를 뜻한다. 회로가 없으므로 당연히 다중변도 존재하지 않는다. 여러 개의 수형도를 숲(forest)이라고 한다.

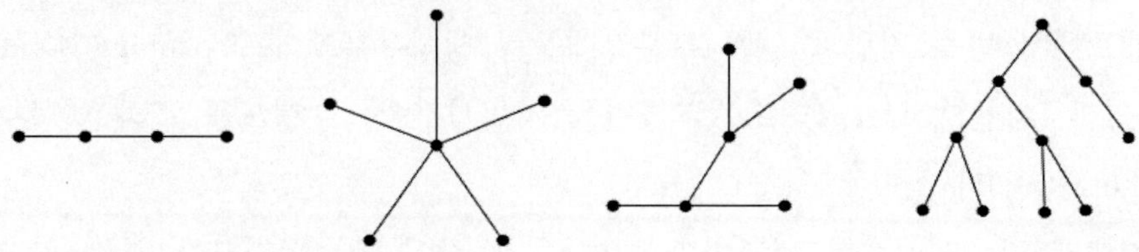

$G_1$　　$G_2$　　$G_3$　　$G_4$

위의 그림은 다양한 수형도를 보여준다.

**정 리 11-3**

다음은 동치이다.

(1) $G$가 수형도이다.

(2) $G$의 모든 변이 다리(edge)이다.

(3) $G$는 회로를 포함하지 않는 연결그래프이다.

**증명** (1)과 (3)은 정의에 의해서 동치이다.

(2) ⇒ (3) 만약 회로가 있다고 하자. 회로의 한 변을 제거하더라도 연결성이 끊어지지 않는다.

(3) ⇒ (2) 만약 다리가 아닌 변이 포함되어 있다면, 그 변을 제거하더라도 연결성이 끊어지지 않는다. 따라서 이 경우 그 변을 포함한 회로를 포함한다. ■

수형도는 회로를 포함하지 않기 때문에, 임의의 두 점을 잇는 기본회로는 하나밖에 없다.

수형도위의 점 $p$에서의 최대길이의 경로 $P$를 생각해보자. 경로 $P$의 양끝점은 단말점이어야 한다. 따라서 위수가 2 이상인 수형도는 2개 이상의 단말점을 가진다. 수형도를 생각해 보면, 제일 처음 정점에서 출발하여, 변을 긋고 정점을 추가하고, 정점에서 변을 긋고 정점을 추가하면, 회로가 생기지 않는다. 따라서 다음의 정리를 얻는다.

**정 리 11-4**

위수가 $n$인 수형도는 $n-1$개의 변을 가진다.

증명 증명은 독자에게 남긴다. ■

그래프에서 변을 지워서 얻는 부분그래프를 생성부분그래프(spanning subgraph)라 하였다. 마찬가지로 그래프 $G$의 변을 지워서 얻는 수형도를 $G$의 생성수형도(spanning tree)라 한다.

연결그래프는 생성수형도를 가진다. 다음과 같이 생성수형도를 찾는 알고리즘이 알려져 있다.

**연결그래프 $G=(V,E)$의 생성수형도를 찾는 알고리즘**

단계1. 하나의 정점 $x_1 \in V$를 잡고, $V_1=\{x_1\}$, $E_1=\phi$ 로 두고 $T_1=(V_1,E_1)$로 둔다.

단계2. $x_{i+1} \not\in V_i$ 이고 $V$의 원소중 하나와 인접한 $x_{i+1}$을 선택, $V_{i+1}=V_i \cup \{x_{i+1}\}$, $E_{i+1}=E_i \cup \{a_{i+1}\}$ (여기서 $a_{i+1}$은 $x_{i+1}$ 과 $V_i$의 원소를 잇는 변) 로 둔다.

단계2. $x_{i+1} \not\in V_i$ 이고$i=|V|$이면 정지. $i<|V|$ 이면 $i=i+1$하고 단계 2로 간다.

때로는 거리 또는 가격 등으로 인하여 변에 무게(또는 가중치)를 정의하는 경우 더 유용할 수 있다. 그래프의 각 변이 무게(weight)를 가진 그래프를 무게그래프(weight graph, 또는 가중그래프) 라 한다. 변들의 무게를 모두 합친 값을 그 그래프의 무게라 한다. 무게그래프 $G$에 대하여, 최소무게를 가지는 생성수형도를 찾는 문제는 중요한 문제이다.

최소무게를 가지는 생성수형도를 찾는 알고리즘은 다음과 같다.

**노랭이알고리즘(Greedy algorithm)**

위수 $n$인 그래프 $G$ 는 무게를 가지는 변 $E=\{a_1, a_2, \cdots, a_m\}$ 을 가지고 $T$의 변의 집합 $E_1=\phi$ 로 두자.

> 단계1. $E-E_1$중 최소무게를 가지는 변 $a_i$를 선택한다.
> 단계2. $|T|=n-1$이면 종료하고 $|T|<n-1$ 이고 $T+a_i$ 가 회로를 가지지 않으면, $a_i$를 $E_1$에 추가하고 단계 1로 간다.

**예제11-3**

다음 무게그래프의 최소무게 생성수형도를 탐욕알고리즘으로 구하여 보자.

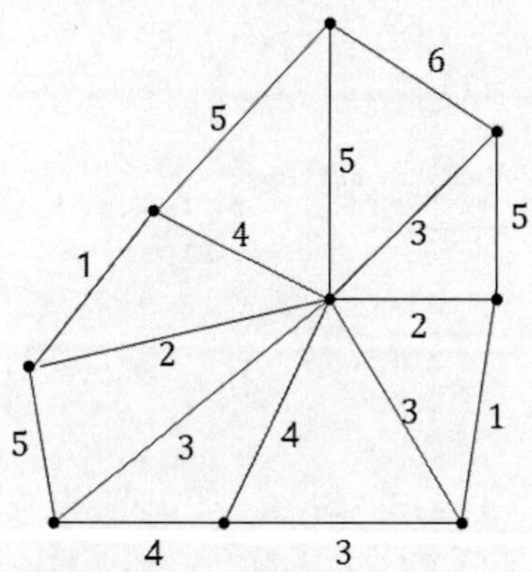


위 그래프의 위수는 9이므로 8개의 변을 잡으면 된다.

1. 위의 그래프에서 최소무게를 가지는 변은 1이므로 다음과 같이 2개 잡을 수 있다.
2. 다음 위수가 2인 변과 3인 변을 선택하면 각각 아래의 그래프 1, 2, 3이 된다.

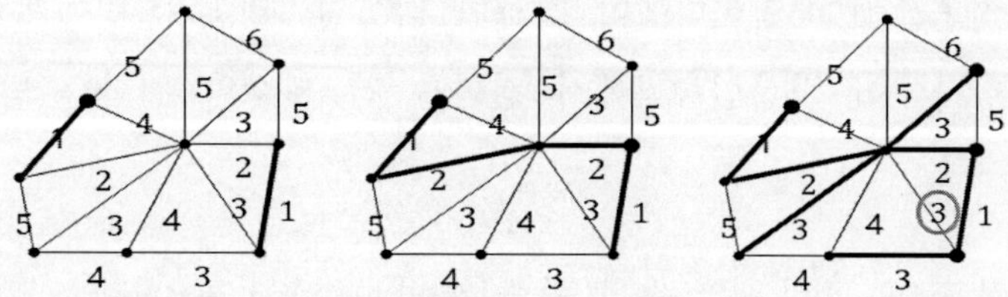

(3)번 그래프에서 원3으로 표시된 변은, 회로를 만들기 때문에 선택할 수 없다. 그리고 4의 무게를 가진 모든 변은 선택할 수 없다. 없고 5의 무게를 그림과 같이 선택하면 8개의 변을 선택하므로 알고리즘이 끝이 난다.

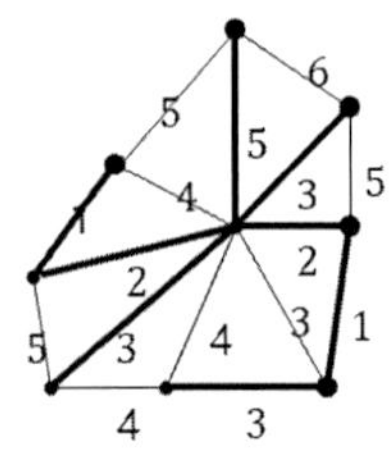


탐욕알고리즘으로 무게 20인 생성수형도를 찾았다.

수형도에서 특정한 정점이 고정되어진 그래프를 유근수형도(rooted tree)라 한다. 유근수형도는 아래와 같이 나타낼 수 있다.

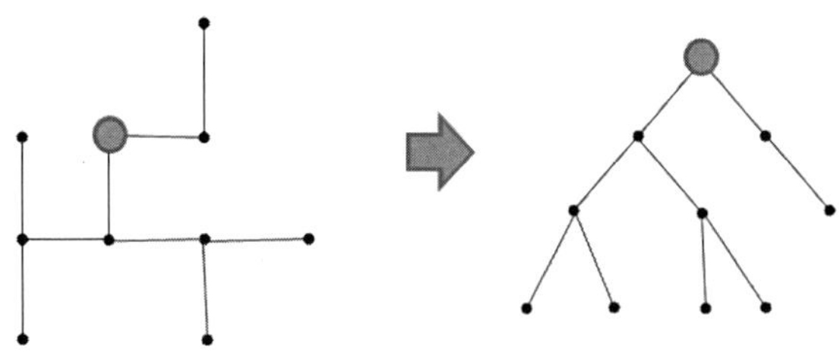

중심이 되는 정점을 뿌리(root)라 하고, 뿌리에서 거리가 $i$인 정점을 $i$-세손이라 하고, 1-세손을 자녀로 부른다. 뿌리에서 단말점까지의 거리중 최대의 값을 그 수형도의 높이라 부른다. 유근수형도에서 뿌리와 단말점이 아닌점을 중간점이라 부른다.

### 예제11-4

어느 회사의 직원은 1000명이다. 이 회사의 비상연락망은 한명에게 연락을 받고 5명에게 연락한다. 이 비상연락망에서 전화를 건 횟수와 전화를 받고 연락해야 하는 사람의 수를 구하여라.

**풀이** 전화를 건 횟수는 변의 수와 같으므로 총 999번의 전화가 필요하다.

전화를 받고 연락을 해야 하는 사람은 중간점이다. 중간점의 개수를 $k$라 하면, 전화를 건 사람은 모두 $k+1$명이고, 전화를 받는 사람은 모두 999명이 되어야 하므로

$5(k+1) \geq 999$

이 되어야 하고 $k=199$이다.

모든 정점의 자녀가 $m$인 유근수형도를 $m$진수형도(m-ary tree)라 부른다. 이진 수형도(binary tree)는 정보의 탐색을 위하여 많이 사용된다. 위수가 $n$인 탐색수형도를 만드는 방법은 다음과 같다.

**탐색수형도(search tree)**

위수 $n$인 탐색수형도를 $T_n$으로 두자.

단계1. 한 정점에 1을 매긴 것을 $T_1$으로 한다.

단계2. 위수가 $2^k$일 때는 $T_{2^k-1}$ 위에 정점을 찍어 $2^k$를 부여하여 $T_{2^k}$를 구성한다.

단계3. $n=2^k+m<2^{k+1}$ 일 때, $T_{2^k}$의 오른쪽에 $T_m$를 놓고 $T_m$의 모든 정점에 $2^k$를 더한 후, $T_m$의 뿌리를 $T_{2^k}$의 뿌리에 자녀로 연결하여 완성한다.

### 예제11-5

원소가 7개인 탐색 수형도를 만들어 보자.

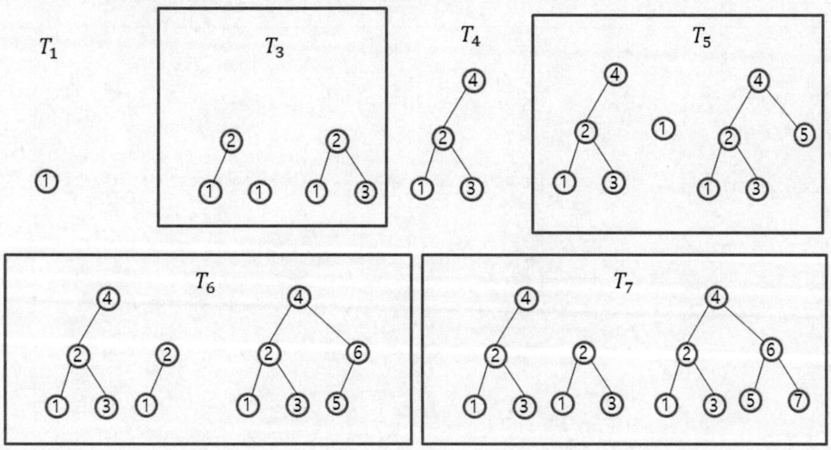


■

탐색수형도에 의해서 뿌리를 현재지점으로 두고 난 후, 뿌리와 비교하여 같은 수이면 뿌리를 선택하고, 작으면 왼쪽으로 크면 오른쪽으로 선택함으로써 원하는 정점을 찾을 수 있다.

무게그래프에서 주어진 두 점을 잇는 최단경로를 찾는 문제는 쉽지 않은 문제이다. 다음의 알고리즘이 하나의 예를 제시한다. 여기서 우리는 $\delta(x,y)$는 정점 $x$에서 $y$까지 변의 무게의 합을 나타내고, $\mathrm{w}(x,y)$ 는 변 ($x$, $y$)의 무게를 나타낸다. 그리고 두 정점 $x$와 $y$가 이웃하지 않다면, $\mathrm{w}(x,y)=\infty$ 로 나타낸다.

| **딕스트라알고리즘(Dijksta’s algorithm)** |
|---|
| 무게그래프 $G$와 $G$의 정점 $x,y$를 잇는 최단거리 경로를 찾기.<br>단계1. $x_0=x, P_0=\{x_0\}$, $\delta(x,x)=0$으로 둔다.<br>단계2. $P_k=\{x_0,\cdots,x_k\}$가 찾아 졌을 때,<br>$\delta(x,z)+\mathrm{w}(z,p)=\min\{\delta(x,z)+\mathrm{w}(z,p) \mid z\in P_k,\ p\notin P_k\}$<br>를 만족하는 $z,p$를 잡는다.<br>단계3. $\delta(x,p)=\infty$ 정지하고, ‘($x$, $y$) 경로 없다’를 출력.<br>$\delta(x,p)<\infty$ 이고, $p\neq y$이면, $p=x_{k+1}$로 두고 $P_{k+1}=P_k\cup\{x_{k+1}\}$로 두고 단계2로 간다.<br>단계4. $p=y$이면 멈추고, 최단경로는 $y$로 들어오는 경로를 역추적한다. |

### 예제11-6

다음 그래프의 정점 $x$에서 $y$까지의 최단경로를 Dijkstra의 알고리즘으로 찾아보자.

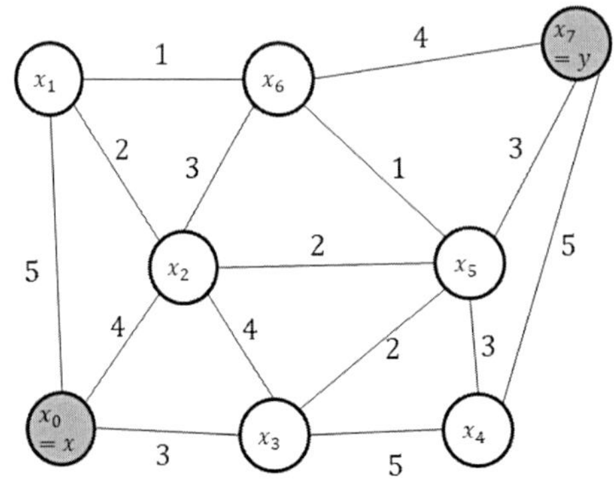


**단계 1.** $x_0=x, P_0=\{x_0\}$, $\delta(x,x)=0$으로 둔다.

단계 2. 아래의 그림과 같이 알고리즘의 단계2에 의해 $x_3$, $x_5$, $x_6$, $x_1$, $x_2$가 차례대로 선택되고, $x_7=y$가 마지막으로 선택된다.

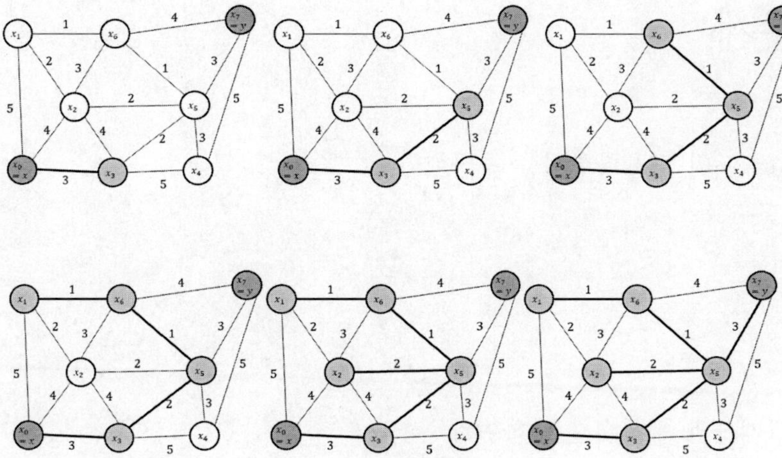

$x_7 = y$를 선택하게 된 경로는 $x_5$, $x_5$를 선택하게 된 경로는 $x_3$이다.

그러므로 최단 경로는 $x_1 = x - x_3 - x_5 - x_7 = y$이고 무게 8을 가진다.

# 연습문제

1 다음 그래프의 채색다항식을 구하여라.

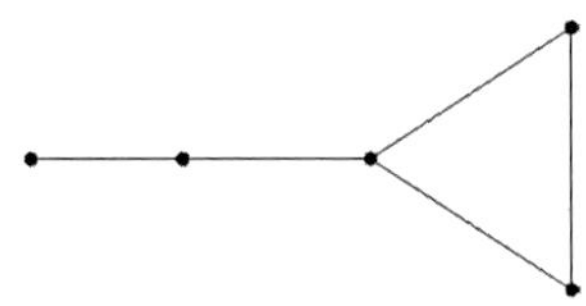

2 다음 그래프의 채색수를 구하여라.

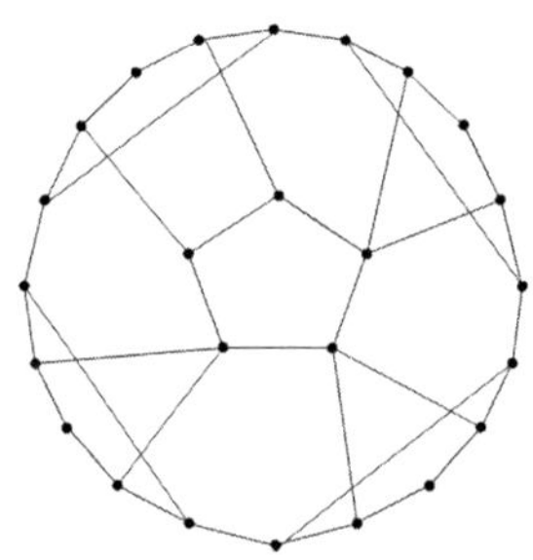

3 그래프 $G$의 임의의 두 홀수 길이의 회로가 공통인 정점을 가지고 있다면 채색수가 5이하임을 증명하여라.

4 단순그래프 $G$가 $k$정규그래프이면 채색수 $\chi(G) \geq \dfrac{v}{v-k}$임을 보여라.

5 위수 5인 동형이 아닌 모든 수형도를 찾아보아라.

6 $C$는 차수가 4인 정점이고 $H$는 단말점이다. $C_4H_{10}$은 $C$가 4개이고 $H$가 10개인 연결그래프이다. 동형이 아닌 $C_4H_{10}$를 모두 찾아보아라.

7 다음 그래프에서 생성수형도를 찾는 알고리즘으로 생성수형도를 찾아보아라.

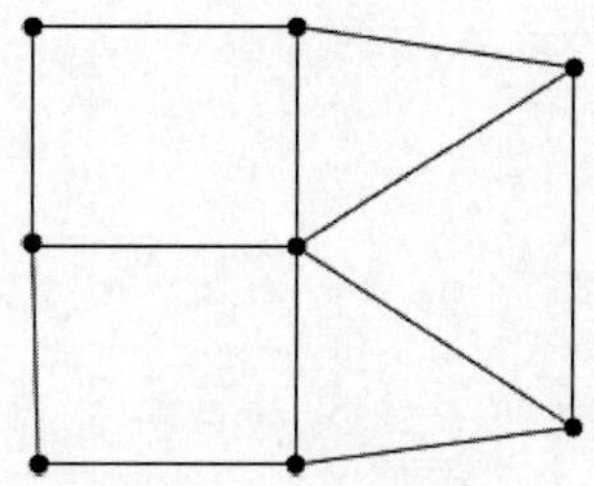

8 위수가 10인 탐색수형도를 만들어 보아라.

9 다음 무게그래프에서  최소무게 생성수형도를 찾아라.

(1)

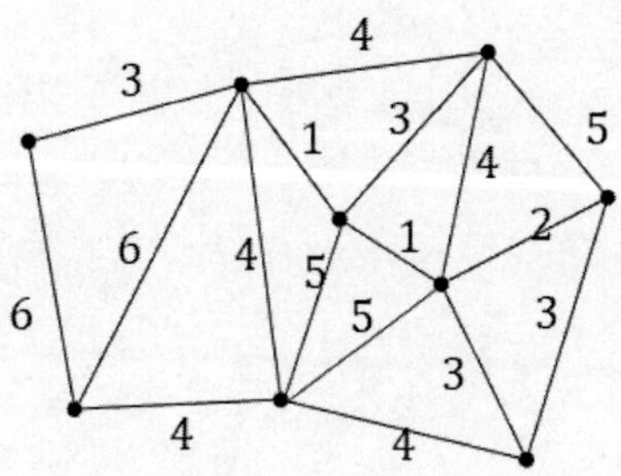



(2)

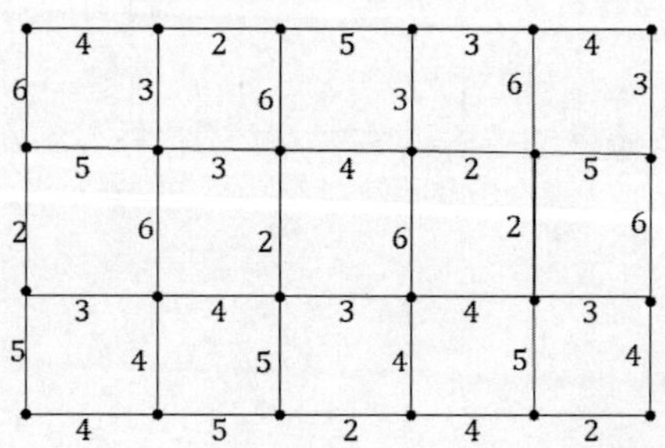



10 구슬 $m$개 중 하나만 더 무겁다고 한다. 이를 양팔저울을 통해서 판단하고자 할 때 최소 몇 번의 저울을 사용하여야 하는가?

11 완전 $k$진 수형도(complete $k$-ary tree)는 뿌리와 모든 중간점들이 $k$ 자녀를 두고 있다. 높이가 4인 $k$진 수형도의 단말점의 수를 구하여라.

12 정점과 변의 개수가 같은 연결그래프는 꼭 하나의 회로를 가진다는 것을 증명하여라.

13 1000개의 정점들을 가지는 삼진수형도의 최소 높이를 구하여라.

14 위수가 5인 동형이 아닌 모든 수형도를 찾아라.

15 $n \geq 2$ 인 $n$에 대하여 $a_1 \geq a_2 \geq \cdots \geq a_n$, $a_1 + a_2 + \cdots + a_n = 2n - 2$일 때, 차수열이 $(a_1, a_2, \cdots, a_n)$인 수형도가 존재함을 증명하여라.

16 Dijkstra의 알고리즘으로 다음 무게그래프에서 $x, y$를 잇는 최단경로를 찾아라.

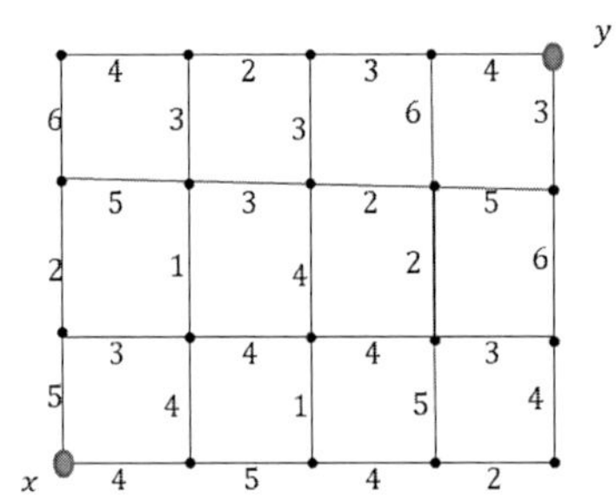

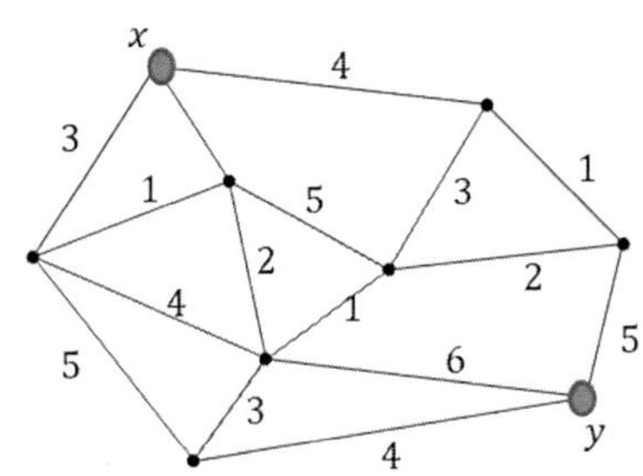

# 참고문헌

1. 황석근, 이재돈, 김익표, ENV 이산수학, 교우미디어, 2012.
2. 노유미 역, Miklos Bona 저, 조합론산책, 교우사, 2013.
3. 김대수, 이산수학 Express, 생능출판
4. 왕규호, 조인구, 게임이론, 박영사, 2004.
5. 박영빈 역, 사울 스탈, 게임이론, 경문사, 2001.
6. Alan Tucker, Applied Combinatorics, 3 rd edition, Wiley and Sons, New York, 1995.
7. Richard A. Brualdi, Introductory combinatorics, 3 rd edition Prentice -Hall, Upper Saddle River, N. J., 1999.
8. Bradley W. Jackson, Dmitri Thoro, Applied Combinatorics with Problem Solving, Addison-Wesley, Reading Mass., 1990.

## 저자소개

### 표 성 수

- 이학박사(경북대학교)
- KEDI 영재교육센타 부연구위원
- 경북대학교 강의초빙교수
- 현. 신라대학교 수학교육과 조교수

### 강 정 욱

- 이학박사(한남대학교)
- 현. 신라대학교 수학교육과 조교수


## 조합 및 그래프이론

**초판2쇄발행** 2022년 6월 10일

**지은이** 표성수 · 강정욱
**펴낸이** 오판근
**펴낸곳** (주) 교우
**주 소** 서울시 동대문구 약령시로 8 교우빌딩 2층 (주)교우
**전 화** 02-925-2861 / **팩 스** 02-925-2860, **편집부** 02-925-2825
**홈페이지&북스토어 www.kyowoo.co.kr / 이메일 kyowoo@kyowoo.co.kr**

**등 록** 1994년 3월 24일 제1994-000013호
**ISBN** 979-11-251-0307-3 (93410)

Published by Kyowoo Co., Ltd. Printed in Korea



(주) 교우는 보다 혁신적이고 참신한 도서를 다양하게 기획하고 있습니다.
책으로 펴내고자 하는 아이디어나 원고는 메일로 보내주세요.
(주) 교우는 전과정을 책임지고 최선을 다하겠습니다.


**값 12,000원**

**교우미디어는 (주) 교우의 Imprint 사입니다.**
**수학정원·과학정원은 (주) 교우의 새로운 브랜드명입니다.**

잘못된 책은 구입하신 서점에서 교환해 드립니다.